主办单位：宝佳集团中国建筑传媒中心·天津大学建筑规划设计研究院·北京大学城市规划与发展研究所

建筑评论
Architectural Reviews

4

名誉总编 马国馨
名誉主编 洪再生
　　　　 高　志
主　　编 金　磊
执行主编 李　沉

U0351597

天津大学出版社
TIANJIN UNIVERSITY PRESS

学术指导（按拼音首字母排序）：薄宏涛　崔　愷　崔　彤　蔡云楠　戴　俭　方　海　傅绍辉
　　　　　　　　　　　　　　　桂学文　郭卫兵　韩冬青　韩林飞　杭　间　和红星　何智亚
　　　　　　　　　　　　　　　胡　越　贾　东　贾　伟　李秉奇　刘伯英　刘　军　刘克成
　　　　　　　　　　　　　　　刘临安　刘　谞　刘晓钟　路　红　梅洪元　孟建民　马震聪
　　　　　　　　　　　　　　　倪　阳　钱　方　屈培青　邵韦平　孙宗列　王　辉　伍　江
　　　　　　　　　　　　　　　王　军　王建国　王时伟　汪孝安　徐　锋　薛　明　许　平
　　　　　　　　　　　　　　　徐行川　杨　瑛　叶　青　周　恺　张　雷　张伶伶　张　松
　　　　　　　　　　　　　　　张　颀　张　宇　赵元超　庄惟敏　朱文一

执行编辑：李　沉　苗　淼　冯　娴　丘小雪　刘　焱　朱有恒　刘晓姗　陈　鹤（图片）
　　　　　刘　阳（网络）

图书在版编目（CIP）数据

建筑评论 . 第 4 辑／金磊主编 .—— 天津：天津大学出版社，2013.8
ISBN 978-7-5618-4759-6

Ⅰ .①建 … Ⅱ .①金 … Ⅲ .①建筑艺术 — 艺术评论 — 世界 Ⅳ .① TU-861

中国版本图书馆 CIP 数据核字（2013）第 195565 号

策划编辑　金　磊　　韩振平
责任编辑　刘　焱
装帧设计　安　毅

出版发行　天津大学出版社
出 版 人　杨欢
地　　址　天津市卫津路 92 号天津大学内（邮编：300072）
电　　话　发行部：022-27403647
网　　址　publish.tju.edu.cn
印　　刷　北京华联印刷有限公司
经　　销　全国各地新华书店
开　　本　149 ㎜ ×229 ㎜
印　　张　10
字　　数　169 千
版　　次　2013 年 9 月第 1 版
印　　次　2013 年 9 月第 1 次
定　　价　16.00 元

目录

目录

本辑截稿时间 2013 年 7 月 13 日

Contents

文化建筑·创作方向
——河北建筑设计研究院有限责任公司

编者按：2013 年 2 月 26 日，《中国建筑文化遗产》《建筑评论》与河北省建筑设计研究院共同主办了学术交流会。来自河北省建筑设计研究院有限责任公司的中青年建筑师参加了座谈会。与会人员结合自己的工作实践，围绕建筑文化在创作中的表现、如何看待本土设计的现状和发展、建筑师的创新与思考等话题，发表了各自的观点和看法。

以下刊登与会者发言的主要内容。以发言先后为序。

郭卫兵：近 10 年来我和我的同事们共同努力，在河北大地上做了一些建筑设计，取得了一点成绩，同时在实际工作中学到了许多新的知识。自我反思，种种原因所致，我们的创作也受到了很多束缚；有的设计不够时尚，缺乏一种面向未来的表现；在特殊空间、奇异形体等方面的处理上还有待进一步提高。我和我的同事一直在思考这些问题，希望通过我们这次讨论，大家能够多交流思想，发表观点，为提高我们的设计水平共同努力。

我先简单介绍几个近年来设计的项目。

一个是磁州窑博物馆。坦率地讲，在一个县城里面做项目很难，既要满足甲方的要求，同时也要考虑项目所处的环境及条件，还要表现出建筑特点。作为一个县城来说，从体量分析，它希望宏大一点，有幸福感一点。综合了各个方面的条件和要求，我们做了一个比较长的平直的建筑。

另外一点，这个建筑我们想达到质朴的效果。因为磁州窑本身就属于工匠的东西，它和官窑不一样，它是老百姓要的东西，很质朴。它不是名

郭卫兵	金磊	张震	郑新红	李文江
胡悦民	耿书臣	虞濑	张雪梅	楚连义
李君奇	代迎春	徐杰	周雪娟	薛东辉

人做的，但是流行于民间，具有非常浪漫的气质。我觉得地域建筑或本土建筑，符号是不应该抛弃的，精神和符号实际上是共同存在的。

这个项目在县里也得到了老百姓的认可，包括文物界和建筑界的同人也都非常喜欢，获得了部里的三等奖；同时它在室内装修的布展上做得非常好，获得 2007 年博物馆十大精品展示。作为一个专题馆，这个项目取得这样的成绩是比较令人欣慰的。

另一个项目是泥河湾博物馆。泥河湾实际是东方人类的故乡，100 多万年以前在这里就发现有人类活动。泥河湾是丘陵，有很多台地，其外部环境实际上并不是为了单纯模拟一个自然的环境，其外部空间形态契合了山川的形态，和内部空间也非常搭调。另外从这张图上你会看到这个人字形，实际上是明喻和隐喻，如果说刚才台地是一种隐喻的话。我觉得人字形的高起实际上是一个明喻，就是人类从这里走来。

下一个项目是与天津大学建筑学院张颀院长联合设计的，项目主要的方案阶段都是张老师做的。这个项目是旧建筑改造，有些保留下来，有些是新建的，建立新的空间；保留原有的表情再提升等等，包括一些篆刻印刷玻璃这方面的内容。这个项目也获得了很多人的喜欢。

这三个项目实际上代表了三个类型，第一个项目磁州窑叫"和美乡情"。我觉得乡情是人类最美好的一种情感，在我们的创作中，我们不能够放弃乡情。要考虑当地老百姓是怎么想的，要站在当地人的立场和人文精神上去思索。很多建筑师在做梦想的东西，很陌生的东西。但是我们起码在目前的这种创作阶段里，要站在某个适合的场所去考虑问题，考虑老百姓看得懂看不懂。我觉得"和美乡情"里最重要的一点就是去体会当地的环境和当地的人文，建筑师应适当地放弃自己所谓的创作欲望，这是我的观点。

第二个项目是泥河湾，我总结的就是"融汇山川"。实际上我们这些建筑师很可怜，我们很少有机会去做有地形的建筑，平原地区做的较多，有山区的地方做的比较少。所以在这样的项目里，我们也想融入大的地域和地貌的关系。另外，图书馆和博物馆比较来说，我觉得都是建立在一个经典的层面上的。刚才那个项目我认为是经典和时尚之间偏于时尚。这个项目就是经典和时尚之间偏于经典。

现在说经典和时尚的问题。经典我觉得是一种精神，可能面向未来的是一种时尚，包括像刚才张颀老师的那个作品，所表达的简洁的内容。现阶段的经典和时尚是什么？我认为，现阶段的经典和时尚是河北建筑设计在未来的发展方向上应该追寻的一种现代主义。真正的现代主义是20世纪二三十年代，柯布西耶、包豪斯等建筑大师做的能够表现现代主义风格的建筑作品，这些现代主义建筑从来没有真正地踏入过中国这片土地。

其实现代主义包含了现阶段的经典和时尚。现代主义讲究比例尺度、肌理或质感，它满足我们现代的这种生活要求。回忆密斯等建筑大师们做的那些经典建筑，你会发现我们现在的很多建筑，根本就没达到这样的高度。另外，我也发现最近一些比较活跃的建筑师，他们的获奖项目和他们的作品也没有超越现代建筑，实际上还是在现代建筑的层面上讲究比例尺度、讲究空间、讲究西式对比，无非就是又多了一个表皮，加了一些现代技术而已。我觉得我以前思考的经典和时尚，是对现代主义的一种追求。刚才看到的图书馆和博物馆，只不过是现代建筑偏于经典的一点，可能空间过于轴线感一点，但是始终没有脱离现代主义。我觉得我们应该重温现代主义。

除了上述几个项目以外，我们院还设计了其他一些博物馆建筑，如北朝博物馆、地道战纪念馆、鲁豫边区纪念馆、秦皇岛博物馆等，可以说我们在博物馆、纪念馆等文化建筑方面进行了一些研究和探讨，取得了一点成绩，这也为我们今后的发展打下了良好的基础。

（河北省建筑设计研究院有限责任公司副院长、总建筑师）

金磊：作为省级大院，专门从文化遗产角度去梳理自己的成就，应该说河北省院在国内大设计院中是走在前面的。我接触到咱们院各位领导，他们都是那么的谦虚。相信河北省院的青年建筑师们，在这样一个有着文化氛围的环境中成长，将来一定会大有作为的。优秀的环境所培育的是大家对文化建筑特别的认同，有了文化建筑的这样一个认同以后，在做任何文化地产的时候，你都会给这个开发商出一些好主意；你在做任何一个地产项目的时候，你都会把它注入一定的文化要素。我觉得现在很多有钱的开发商都开始关注文化了，国家也支持文化大发展、文化大繁荣，相信我们的文化建设会有一个美好的未来。我认为，在整个国家文化层面上还缺乏建筑文化的普及，我觉得这是国家层面的一个缺陷。

我们实事求是地展现一下已经取得的成果，不仅是对以往工作的总结，更是为今后发展打下坚实的基础。所以我们特别愿意走进河北省院，跟河北省院的建筑师们在一起做些事情。我们也努力地尽量给大家创造平台，为河北省院服务，对河北省院在文化建设方面作出的贡献给予更多的关注，在更广阔的范围扩大河北省院的影响和知名度。

（《中国建筑文化遗产》总编辑）

张震：我看了咱们编的《建筑评论》，觉得非常好。现在很多杂志为了吸引读者，多采用大量的图片进行报道，但很少有评论；有的文字非常吝啬，很好的题材却没有很好地表现。我很难得看到这样的一本小书，在这里边有评论、有心得，还有读后感似的东西，一些评论文章使我们这些建筑师在工作之余得到理论的补充和养分。这种养分在一些其他杂志上并不常见。

既然谈到地域文化和本土文化，我觉得可以面向中国的一些地方院，与这些很有经验的建筑师多一些交流，吸取他们的想法和经验。因为各地的建筑师根据自己本地的情况，有他们自己的实践经验和探索，那么在他的本土设计中结合当地的文化作出了哪些探索，他的作品表达了哪些观点，包括他的一些实践，我觉得我们虽然不在同一个地方，但是人家的经验对我们来说会有很大的启发。

刚刚说到本土建筑文化，实际上社会走到现在这个阶段，我们做的建筑基本上都应该属于现代建筑。很多时候通过一些记忆或者符号才能去回顾一些历史，去表达一些对历史沉积的回忆。怎样才能做好一个建筑呢？我觉得还是强调建筑的存在，明确你想要表达什么东西。我们在上大学时可能老师就会说建筑的设计要表达出一个到两个活页源，这个活页源可能是一个设计的手法。但是我觉得现在做建筑，这种活页源可能是表达你想创作的一种路子，这种路子应该是比较纯粹的；或者说是具有一个比较强大的意识，而不是说在这个建筑里什么都去表达，什么都去做。一个建筑怎样才能做好，我觉得就是在一个本地本乡，根据当地的情况，把活页源做好，为当地的老百姓所认同，同时表达出建筑师想表达的这种意愿，大家使用得也很好，我觉得就已经足够了。同时，不同的建筑师可以表达不同的思想，每个建筑师就像每个人，长相各不相同，这种可识别性，我一见你就知道是你，一见他就知道是他。而不是像在一个小区里，门都是一样的，人们甚至可能会走错单元门，走错家。那么建筑可能就不会是这样，每一个建筑师要勇于表达自己的思想。

（河北省建筑设计研究院有限责任公司副总建筑师 创作中心张震工作室主任）

郭卫兵：前不久崔愷院士来讲本土建筑的时候，我觉得本土建筑是解决中国建筑千篇一律的建筑。起码说不同地区要符合自己的本土的话，会有各自特色，那么每个人都考虑本土，每个建筑师在做的时候，可能建筑也不会千篇一律。但是恰恰由于一个本土，某个地区的建筑应该在某一个文化环境，包括气候等等的一个总的框架下形成一个多元，我是这样认为的。过去有一个误解，一谈本土化总拿中国跟外国比，实际上现在看近现代建筑，很多东西就是那个时候西洋风吹过来的。

郑新红： 因为现在单纯做住宅项目的非常少了，我们也在做商业建筑。现在生产任务压得比较重，单独说创作搞本土研究还比较缺乏。我自己也思考过，作为一个建筑师，你在这个行当里到底寻求怎样一个出入。我梳理了一下，现在国内建筑师基本上分为两种类型，所谓明星建筑师，他走一个捷径是符号化，不管是做住宅、商业还是博物馆，都用一种非常纯熟的处理方法，就是套各种功能区。许多设计院的建筑师现在走类型化，包括商业建筑师，专做一个类型，可能外表皮不是一样的，但是在一类上。两种途径我觉得都是在为建筑市场做贡献。

现在做这些事都没有错误，都是想在市场上占领一定的份额，或者是多做一部分设计，把影响力扩大。我觉得这是我们探讨的一个方向，就是我们往哪一类建筑师方向走。我曾经看过一个说南京的片子，介绍南京也是六朝古都，但怎么老觉得跟北京比就不够大气，老显得轻。实际上你反思下来是这样的，许多不同条件如气候、地域、文化的影响，南京是很轻巧、很轻灵，怎么看也是通透的一个感觉，北京怎么看也是雄浑大气。我觉得当时古代的工匠没有什么本土文化、异域文化，这些是自然形成，后经过多少代人的发展、变化，逐渐形成的东西。现在世界大同，都在走这个路子，咱们和南方人穿着有什么区别，和国外的人区别也不大。不用刻意地去强调本土化，但我们刻意地去寻求一些符号我觉得有必要。当然最终踏踏实实把功能解决好，把当地的需求做好，自然而然本土的气质就出来了。

像咱们的新火车站，做这么大空间，做一个赵州桥，大家觉得，你看外行人，你让他想，他也能想出这个东西来，所以他就感动人。他挖掘了当地的一些文化在里面，但是最终解决的还是功能。至于我们这种设计院以生产为主，我们那个团队也有分工，有一个组专门是做住宅整理和一些前沿性的东西。他们特别有压力，因为开发商不管文化和地域，先算经济账，"地中海"好卖我就做"地中海"，中式的还没有我就做一个中式的。所以就是"行而上和行而下"的问题。明星建筑师叫行而上，我就这个样子，反正是你找我。我们这种建筑师话语权不足的时候，我可能是行而下的。我这个功能给你解决好了，你说要什么皮吧就穿上去了。但是这时候可能就讲究建筑师的职业操守，就同样做上来的一样东西，我们要做得更细致、更恰当一些，说服力更强一些。我觉得这是一个层面的问题。

我觉得可能大部分建筑师是功能类型化的建筑师。有一部分建筑师是明星建筑师，他们是形态类型化、标签式建筑师，他们走的是一种途径。至于我们做的一些本土化的研究也是有必要的。国内的建筑师我觉得最后可能会出来一批。马岩松正在走类似这个路，就是走这个外形的类型化，或者表皮的类型化，他也是一种途径。

（河北省建筑设计研究院有限责任公司住宅研究中心主任 副所长）

李文江： 随着时间的积累，我有一个感受，就是对做遗产方面的建筑，总感觉到这种系统性的东西我们掌握得还是不够。包括其他的东西，从地域上来说的话，总感觉到自己的知识不是特别的系统化。尤其包括商业方面，或者说在其他方面都有这个因素。可能从各方面都有一些原因，比如甲方的约束，不像国家大剧院明星建筑师，说一就是一，说二就是二。在很大的程度上实现不了自己的一些思路，你得遵从甲方的或者业主的意愿，做的一些东西可能是被动的。

再一个就是我们想表达的一些符号可能被 pass 掉了。我们做的那些建筑，确实做得稍微含蓄一些，不是特别张扬。从过程控制来说，可能都是遵从功能方面出发的东西，是脚踏实地的，没有考虑到像明星建筑师做的一些稀奇古怪的东西，可能这也是我们要突破的一点。但是从骨子里突破这一点非常难，有些东西自然不自然地在束缚着你，也是在约束着自己。

（河北省建筑设计研究院有限责任公司副总建筑师）

胡悦民： 我参加工作有 20 多年了，干到现在我觉得我的棱角基本上被磨光了。我做的很多工程，一直在做施工图，我很困惑的东西是，我怎样能把人家做的方案完整地表现出来？我希望能让建筑有一个完美的结局。但是现在我碰到很多让我觉得很不完美的工程，有些东西让我实施不了，这使我比较困惑。我觉得可能我们将来慢慢地都会碰到，有些东西是自己的问题，有些东西是外界的问题。我觉得包括李总、郭总他们碰到的工程，一般不会碰到这些问题，也可能他们能说服甲方，顺着他们的思路走。但是现在我觉得我已经没有这个能力了。我觉得好像已经很费力了，到现在有些东西我一直在退，退到什么程度？退到我自己跟专业人士之间沟通的时候，有的是对我们结构的进攻我都会往后退缩。这点需要郭总支持。

（河北省建筑设计研究院有限责任公司 副总建筑师）

郭卫兵：作为女建筑师，你应该拿出点范儿来，不能退。有时候退，就是说你实在扛不住了。其实每一个工程也是在不断地妥协。刚才胡总说了一点很重要的，就是建筑的完成度。在地方建筑里，尤其住宅就差一些，因为造价的原因，比如说北京的建筑卖3万、卖4万，那开发商他怎么花钱都弄不了。河北这卖不出去，没准就赔了，你多花钱吗？所以建筑的完成度都是层层地在降低。我那次听刘院长说的一句话，他说他在做西安那个窑的时候，他画完之后说这个前后误差能差出两米来；他说我们在做设计的时候，应该考虑到所有的设计能不能完成。如果不能完成，从设计阶段，就应该适当地考虑一下能不能通过另外一种途径来实现你的东西。当然如果反复地妥协是另一方面。另外就是反思我们的东西。当所有的施工误差问题、完成度的降低都落在建筑本身之后，依然是一个看得过去的建筑的时候，那么你的感觉会更舒服，那这个建筑设计感会更强。我们一方面是要坚守我们的完成度，要有一点儿魔咒，疯狂到这么一个坚持的感觉。再一个就是在设计之初要考虑能不能完成好，完成不好的情况下我们用什么方式来替代。所以不要悲观。

耿书臣：我的老师有一句话，做这个方案，就是说在情理之中、意料之外，一看是意料之外，但是在情理之中。今天讲本土文化建筑，我觉得我这观点还是不太一样。文化建筑毕竟是文化建筑，不是现代办公楼、住宅，你就得有点特点，你就要了解当地的文化和历史，去体验，去考察，你得引领这个时代。你做出来的东西，假如别人都能想到，那还叫什么特点？文化建筑应当从这点多想想。磁州窑博物馆这个方案我认为还是挺好的。我昨天去看了一下，细部处理包括功能推敲得特别好，外边的一些符号运用，包括台阶和水箱的处理都做得很细、很到位。不怕做方案的提要求，不怕千奇百怪，就怕你做得方方正正。做出来的东西就得有特点，才能有思考，才能去突破。

这几年我有一个想法，我们在设计过程中，尤其是施工图这一块，考虑人的因素比较少，功能的因素多，但是功能不是人。

（河北省建筑设计研究院有限责任公司 副总建筑师）

金磊：我觉得刚才耿总说得特别好。功能和人现在分得不是太清楚，功能好像跟事件有关系，跟建筑性质有关系。另外我觉得他提出了一个非常实际的问题，就是关于文化建筑和标志性建筑的问题，我们这个时代希望有些建筑是超越我们一般意义上的建筑，是可以被历史收藏的。也许这个年代它担负一个角色，那么从历史的角度，它可能担负另外一个角色。它要引领，那么这样的东西我觉得大家要努力地发掘什么样的项目可以这样做。但真的有些项目需要各方面的支持，为什么大师可以做成？因为他的社会影响力和他的团队，包括这个社会对他的认可，以及他自己的才智。

虞灏：我最愿意看《田野新考察》的文章。客观地说您这个专栏不是放在很精致的统编，往往是做在中后部，而且是普通的彩版印刷。但是基本上这些东西我一般保留两套，我也会经常去翻看甚至翻烂。因为在这一本杂志里，我觉得除了获得对于现代建筑的了解以外，我能够在这里找到更多的兴奋点。或者因为我的学习过程不像这些前辈，我不像他们有忍辱负重的精神，我只会找这些让自己感觉比较舒服的。不管您是去震后四川访问那些震塌了的庙宇，或者是重走山西、河北、河南这几条路线，因为您动员的这些真是名家，所以我非常喜欢。

我想实际说到设计，我们的知识跟这些师傅们的知识差了很多。包括刚才几位前辈说起来，其中过程中的痛苦我觉得是存在共性的。但是我觉得提到自己喜欢的文化建筑或者文化遗产保护，我一直有迷惑。因为我有一个习惯，我会随手记一些东西，但可能会比较乱。当初我的潜意识会把河北分成若干个地区，燕赵之地，就是从古中国春秋那会儿到现在，河北一直不是统一的，直到今天还是一个不太大的省份。以前基本上是燕赵先于中山，再往后是宋、辽、金、元。然后再是明，唯一一个从南往北打的王朝，在这里把北原逐出中原。然后包括这个到最后清朝入驻，等于说河北一直是属于平原上的一个前线。

旅游局和文物局在一些地方是一体的。在更高的部门是两个分立，而且会上升到更多的文化人去管旅游。文物的状态基本上是这样，第一买票就可以进，但是比较新。第二是绕来绕去看看还可以，车还能开到附近。第三是当我踏进这个院子时就会追一条狗出来，就是这种情况。可能我更愿意看到的是荆棘丛生的地方，不被人为过多去修饰的。每次站在这种地方，我似乎能够感受到上边的砖瓦在传递什么。

今天的话题是本土建筑，我感觉建筑风格的本土化，是因为很早就提出"中国的才是世界的"，那同样扩展到各个省市。河北石家庄作为1969年成立的最年轻的省会，如果单挖掘河北一地的特色是比较少的。自从2005年上海进行新天地改造以后，各地的参观者络绎不绝。如果没有新天地所起的示范作用，石家庄民生这条文化街就不会保留。现在我们意识到这些歌星影星投资参股的新天地能够带来这么大的经济效应，在保持经济效应历史上，是对文物进行适当修补的一个平衡点。

本土建筑有这几个困难，来自于投资方和原住民。对于原住民来讲，这个东西可能一直会伴随我成长，它在我记忆里。但是大部分青年和中年是求新求变的，他并不是长时间看惯了青砖黛瓦的马头墙，他希望有一个更赏心悦目的东西。第二个是求富贵，或是求富强。这些目标是目前一些发达国家给人带来的一种文化和精神的向往。对于原住民来讲，他在很长一段时间内不愿意接受照搬的东西。所以为什么在开始做磁州窑博物馆的时候不是复制一些窑，而是用匣钵这种记忆的片断。从形式上讲，地方政府投钱也是为了政绩。在形象上是一个很漂亮的、很气派的广场，而且近看上边元素，可能又会有点体会。所以我感觉不管是从事创作的建筑师，还是从事实践的建筑师，以后只有在一些局部的东西达到原样去做一个，更多的是采用记忆片断来保留这段时间，这是我对乡土化建筑的感觉。

在河北，房地产商能卖得出去房子，是因为人到了老年会有想回家的欲望，他走到这个村落里边会发现自己的一些记忆，这个就仅限于在一些旧城改造过程中的某一个地方。比如说有一个甲方他就会想把一些不用的农具放在展馆里。因为这一代和下一代不可能知道前辈是怎么在这儿劳作的，而他们也不可能想到以前的房子到现在就能够一换三的这种情况。

（河北省建筑设计研究院有限责任公司 首席建筑师）

张雪梅： 前边各位都说了那么多，我觉得特别赞同。我从毕业到现在工作快20年了，前几年跟耿总做方案，最近主要是从事施工图。我感受最深的是，我觉得作为一个实践者，把方案落实到实处的每一个阶段，每一项工作，都根植于本土、植根于它的使用者，这就要求我们踏踏实实地做设计。给我感触最深的就是跟着郭总一起做青少年宫这个项目，本来投资方请了深圳的一个单位做，然后我们负责深化；它本身的功能很简单，下边是商场，上边是居住，公寓式建筑。但他为了做一些漂亮的表皮，把实际功能给忽略，包括空调机位的实现、落实，反而使这个方案实现不了。在郭总的指导下，我们切切实实从建筑使用者的角度出发，从建筑根本的功能出发，抛开那些浮华的东西，让它由内而外地结合起来，显示建筑本身的那种美。我觉得是达到了技术与美学的一种有机的结合。

（河北省建筑设计研究院有限责任公司 副总建筑师）

楚连义：我比较关注建筑师茶座，基本上每次都看。因为那里边很多人，包括一些设计院的总工和一些普通的设计师，他们有自己的言论，也有自己独到的地方。作为一个开阔眼界的途径，我觉得建筑师茶座非常好，没想到今天成了现实，茶座能走到省院。

刚才说到本土建筑，我感觉本土文化和地域文化有很多层面，各个省市都是有区别的。比如饮食文化，同样是河北省，火烧是保定的传统美食，唐山的烧饼是特色，张家口的油面是它的文化，从饮食文化也能看出河北文化是多元的，而且饮食文化可能受地域和气候的影响。

我觉得本土文化从地区到县里，包括到村里还应该拓宽一个思路。文化也可以延伸到个体，包括一个企业，或者是一个单位，我想我们在搞设计的时候，就应该有这种意识，就是去阐述文化。举个简单例子，我们前一段时间里做的一个上市公司办公楼，叫博生工具股份有限公司。一开始我们觉得办公楼没什么特点，后来跟甲方去沟通交流，发现还是有很多值得探讨的东西。他们的企业文化相当厚重。我们在做东西的时候，不管做什么都要有意识地去做。从文化和利益上去考虑，通过建筑造型，用庭院的方式让它显得更好，包括从材质上用一些精细的东西来体现这种精神。

另外我觉得从建筑设计来说，应该更多地去发觉建筑内在的东西，而不是在外表上下功夫。外在形态和材质上可以下功夫，如果能够和文化发生关系，就更加传神地体现本土的韵味。我在所里主要是管方案这部分，有时候施工图也做一些审核，所以还有一个感触，建筑师不要分是搞方案的还是搞施工图的，建筑师应该具备综合素质。建筑师第一应该自强，就是企业的自强自立、自省自律。自强应该不断去充实自己，应该提高自己的专业技能，像平面能力、造型能力、综合素质、文化历史研究等等。第二是自立，现在建筑师受外界干扰太多，甲方不太懂，那你就要想办法去说服他，想办法提高自己抵御外界干扰的能力。另外，自省也是最重要的，在从事一个项目设计的过程中，不能懈怠，要有创作激情，投入百分百的精力去搞创作。最后就是自律，在搞创作的时候，建筑师会有很多想法，他会张扬他的个性，但是同时应该不要忘了去尊重地域环境，尊重文化，尊重历史。

（河北省建筑设计研究院有限责任公司 副所长 副总建筑师）

李君奇：我觉得做规划建筑师太苍白，做的东西也都是傻大笨粗，虽然说做了这么些年，对文化类的东西感触理解得没有那么深刻。这本《建筑评论》给大家提供了一个新的平台，建筑师一定要有自己的思想，作品本身也得有思想。《建筑评论》把大家的思想展示到这里，所以不管有没有倾向性，把它叫百家论坛也好，它提供了一个让大家去讨论、去学习的平台。

我做方案做得不多，但是在这方面的感触还挺深，我做的大项目多一些，但是精品确实少。项目创作中理性和感性之间，就是矛盾的痛苦过程，一定要认真地去做；怎么认真？就是把建筑师的思想体现出来，否则精品怎么产生？在设计过程当中，不管采用什么方法，要认真地、理性地去做。只要好好地去推敲，一点一点去做，整体就把握住了，设计的思想靠脚踏实地去做。

刚才郭总提到了经典与时尚，这个提法挺有意思。我的理解就是怎么用经典的手法创造时尚，这是再创作的过程。如果创造出来的东西一定是比较稳定的，是容易被大家认知和能够接受的东西，那可能就已经是成功的一半。如果要标新立异，那是提倡什么？鼓励大家去提高自身的创作能力。用经典的方法去创造时尚、营造时尚，这个过程就容易产生一些精品。现在一些住宅、办公建筑还有一些商业建筑，大多从形式上有点区别，但功能空间很乱，没有有机性和有序性，我觉得这些东西就缺少一些空间性的塑造，仅靠表皮去处理是不够的。

（河北省建筑设计研究院有限责任公司 副所长 副总建筑师）

代迎春： 作为青年建筑师，我先说一下自己工作的一些想法，或者说是一种理念，或者说是贯穿于工作的一个指导性的思想。我觉得建筑师从学校毕业时，都是充满激情和创作欲望的，但是结合现实的工作以后，会受到方方面面因素的制约。所以在建筑创作的过程中，建筑师是借用投资方、甲方、政府方提供的平台，通过平台创作的过程，实现自己的小梦想，把自己的想法融合在建筑创作过程中。我们在生产所做建筑创作时，主要接触的项目是在一些县域。我的体会是在这些地方做建筑创作，受到投资方的一些限制，但是在这些地方的开发商或者政府都有一个很强烈的愿望，就是花不多的钱做大的建筑，做全的建筑，什么样的工程都想有。作为一个建筑师，往往是从功能或实用、节能、生态等方面考虑。比如做一个2万平方米的高层办公楼，可能标准层就会非常小，从办公空间的利用率、运行费用等方面考虑，都是非常不经济的。就是在这个过程中，会和他们有一些碰撞和冲突。我们希望通过我们的专业知识，让他们逐渐接受这样的一些缺陷和不足，这是我们希望达到的一个目的。

另外，我觉得建筑设计作为一个服务性行业，建筑师不是说我要给甲方一个什么，而是说通过认真地听取甲方或者当地老百姓的需求，我会给你推荐一个什么。建筑师可能和厨师的行当会有一些相关或相近的地方，就是我工作的环境，有高档的饭店或者低端的饭店，服务的对象是不一样的，所以说我做的菜品也是会有区别的。佐料有很多种，在针对不同的受众人群时，会针对性地做一些选择。这样我觉得才会在老百姓、投资方和建筑师之间找到一个结合点，让建筑真正能够在当地生根，回归到我刚开始说的这句话，自己的一些梦想能够通过项目平台得以实施。

（河北省建筑设计研究院有限责任公司 副所长 首席建筑师）

徐杰： 我刚毕业2年，算是代表刚毕业的学生，两位老总过来做媒体，其实对我们学生来说是非常有益的，我们现在主要是学习、吸取知识的阶段，所以通过杂志，还有大师的建筑作品能够不断提升自己，这是我们最急迫的。首先我感谢你们，今天谈建筑文化，它与建筑创作好像还不太一样，建筑文化更加贴近大众一些。比如说建筑网络、建筑书籍还有电视传媒。老百姓通过媒体认识建筑，建筑师也参与到其中，这是全民化的宣传。第一步宣传，第二步就是人们了解建筑以后才会去保护它，我们可以做一个动态的跟踪，在几十年以后，可能我们对建筑文化遗产的保护和升华，不仅仅是建筑师来做，而是一个全民的运动。建筑师也可以从建筑媒体学到更多的东西，这是互动。

（河北省建筑设计研究院有限责任公司 建筑师）

周雪娟： 我现在跟郭总一起做青少年宫改造项目，现在的感受是腰酸背痛。从方案开始到现在，我们要有自己的坚持，坚持自己觉得有意思的东西，并且甲方也能接受。项目位于玉华路，在规划局的斜对面，所以规划局对这个事情也特别地敏感。他们的想法就是要多点绿色，石家庄确实空气污染很严重，确实是缺少绿色，而且这是一个上铺楼，就是底下是商业，上边算是百米高层的公寓。我们想打造一个都市花园，这以后也会成为一个卖点。但在创作过程中会遇到很多困难，自己扛不住了幸好还有郭总撑着。从我个人来讲，我做方案的时候，我都在找一个方案自己的特点，与众不同的地方。我跟别人介绍方案的时候才能打动人，而这个方案的立意就是"都市花园"，从一字形的布局到U字形的布局再到现在双塔的布局，我们一直在研究这个花园的概念。甲方最关心的是面积，可是甲方不太懂方案。这也给了我们比较大的空间，特别希望郭总再给我们指导一下。

（河北省建筑设计研究院有限责任公司 建筑师）

薛东辉：有人总结建筑师这个行业有几种类型，其中一种类型就是敬业型，咱们大家可以找找各自的位置符合哪种类型。敬业型这种人比较兢兢业业，不辞劳苦，不加班就有种负罪感。由于经常通宵达旦，头发蓬乱，衣着无章，作品也犹如他的目光呆滞、无神。这是其中一种，我觉得这种人挺多的，这是一种工作状态。

另外一种是激情型的，这种人以哲学家和艺术家自居，语不惊人誓不休，作品不多，愿意玩票，但声势逼人。在各种媒体中频频亮相，犹如公众人物。那种明星式的人物，可能做的一些东西的确是比较炫一些，跟我们可能离得远一些，我们可能比较仰慕这些人物。

还有一种是评判性，这种人愤世嫉俗，认为中国没有建筑师，只有他一个。几乎所有建筑师的实践均是破坏性的和肤浅的。这种批判性的，我还没有找到具体的人物，我觉得这种可能也离我们比较远一些。

最后一种是中庸式，我觉得包括我自己在内也属于这类，大部分可能都属于这类。这种人在市场的推搡下，在不停地妥协与争斗中寻找一种既能生存又不失风度的中庸之道。我觉得很多人也在追求自己的理想，但是受外界诸多方面的影响，很可能在追求自己理想的过程中，在不停地妥协，但仍然梦想着能够把自己的作品按自己的理想来实现，这仅仅是个梦想。

跟郭总做很多项目，实际上很多我做的东西前期投入想法是很发散的，就是说想法很多，郭总也经常在调理我的思路。因为我从小喜欢画画，所以经常在做方案时，在我脑子里首先形象多于语言，我会画很多的想法草图，甚至结合文字性东西形成那种图画插图。可能诸多方面原因吧，由于自己的想法可能不成熟，或者有些偏题或什么的，很多没有建成。

前段时间和郭总投标飞机场的航站楼和塔台，我们现在虽然没有结果，但是当时考虑方案的时候首先是从河北正定的古文化、古塔切入，表现塔台的含义。而且整个设计是挖掘河北的地域文化，尽可能贴近地域文化，作出它的形象，而不是为突出它的形象而做。

我感觉年轻的建筑师们应该有一种永不放弃的精神，现在可能甲方过多地看效果图表现的方式，据我了解，美国洛杉矶郊区盖里万耶设计盖里中心的时候，当时评委就邀请设计师在一起进行谈话，一小时时间说说自己的想法。然后可以口头表达，也可以用草图来表达。实际上甲方就关心一个概念，他就提出一个聚落的概念，然后就中标了，没有像咱们国内投标形式投入很多的财力物力，可能这种就是说落实到这个建成的项目的时候，往往后续的财力不够了，有可能出来一个东西的话，并不是设计师最初想达到的那种效果。

设计师设计过程中，不容易读懂的方案很容易被筛掉。因为在很短时间内评委不一定完全能读懂这个方案，有可能会有漏网之鱼。郭总一直也在强调做方案不仅要做好，要表达好，手上和口头表达能力都要好。据我了解，国外建筑师非常重视这方面的内容，在讲之前会调节好自己的心境，甚至提前沐浴更衣，然后酝酿感情。表达的话非常到位，头头是道。这样调理好自己的思路，才能感动甲方，使自己的作品能够充分表达出来。

我看到陈大师对青年建筑师的希望，他说要珍惜机会，多方面积累，重视练内功，明确目标，沉下心来做学问，要有所不为才能入定。稳住心态，锲而不舍地思考，感悟，最后才能获得大智慧。独立思考，发挥个人优势，特别是要有明确的价值取向，而且提到要加强三种体验，生活体验、工程体验和审美体验，这三种对我们做建筑是很重要的三点。

最后以徐悲鸿的一句话来作为结束吧，他希望能够"致广大而尽精微"，尽就是尽可能表现得精细精微。我觉得这对我们建筑也是开和收的这么一个非常好的总结。我就以这个作为大家共同自勉的目标吧。

（河北省建筑设计研究院有限责任公司 高级建筑师）

金磊：我们除了重视明星建筑师，我们也特别重视青年建筑师。任何人都要慢慢走向成功。刚才谈到的坚守，我觉得是指坚守努力和期望。刚才小薛谈的有两点特别让我有感触，一个是谈到了一个建筑师的分类，我觉得你梳理得挺漂亮，这让我想到了一个人，在座的人年轻的可能已经不太记得他了，这人叫杨永生。他是建工出版社的老总编辑，应该是非常著名的人。他在 2000 年的时候，推出了一本书叫《中国四代建筑师》。因为你刚才谈到了建筑师的分类，所以我觉得跟杨永生这事虽不搭界，但是我想约你写关于建筑师分类的文章。你什么时候写好什么时候拿过来。另外听说你很善于画方案，所以在你的文章里，适当地配上你的一些小图，

会后专家合影

我觉得很有味道。

再有就是今天听了这么多建筑师的发言，给我们触动很大。我们更坚定了这样一个信心，要多跟河北省院的同志们交流，为你们搭起一个展示自己能力和水平的平台。

郭卫兵：今天非常感动，金总他们从 6 点钟就离开家门往石家庄走，一直到现在已经 10 多个小时，非常感谢。另外，我也很感谢今天各位兄弟姐妹。我也听过不少这种座谈，今天我们的确是根据自己不同的工作经历和目前的工作侧重点，谈得非常好。在这方面，我们以后要多多跟金总来往，从不同的层面让更多的人来传递一些建筑文化方面的声音。将来我们要对《中国建筑文化遗产》和《建筑评论》多多关注。

（刘晓姗根据录音整理，未经本人审阅）

建筑学教学过程之移植、生长与反哺

贾东

建筑教育的含义很广，"建筑""教育"这两个词的诸多内涵组合出诸多变化，可以有很多的理解。建筑专业教育、建筑知识普及、建筑璀璨精华保护与继承，等等，都可涵盖在建筑教育这个大命题之下。特别在今天，建筑知识之普及，把建筑知识作为一种必修，传播到每一个普通人，变得越来越重要。因为建筑其本身是人类组织规模最大、能源耗费最多、存在时间最长之浩荡巨造。

作为一名教师，还是回到庞大的建筑教育命题之一小部分，即建筑学教学过程，来参与讨论。

其实，建筑学教学过程也是一个庞杂的体系，而且它也是一直发展变化的，从形式上，从内容上，从师傅带徒弟到现代学校模式，从书本知识传授到实际工程砥砺，变化很大。而延续下去，到设计院去实习，到实际工程中去锻炼，从一点一滴画图做起，直到设计人、专业负责人、项目主持人，直到谈项目拿工程，参与前期策划直至后期管理。其实，这些都已理解为广义的建筑学教学过程的延续。而大学阶段的建筑学教学内容对应人才培养需要，也在发生着变化，这种变化其实不单纯受外来的教育理念、教育方式、教育方法的影响，更多的是与我们自己的国家已经发生的深刻变化密切联系在一起的，而且以这种深刻的变化为一种基础和前提。建筑学教学的具体形式也发展到诸多方式并存，徒手绘图、手工模型、计算机制图、BIM、非线性探索、各种实习、各种实践、各种交流，等等，十分丰富。建筑学教学过程怎么组织，有诸多说法，如类型教学法、问题教学法、线索教学法、过程发现教学法，等等，都很好。

作为教师，我欣赏"在过程中发现"。在这个小短文里，就抽取三个词来阐述自己对于建筑学教学过程中几个方面的认识和理解，这三个词分别是"移植""生长"与"反哺"。

移植

实际上，任何教育，首先是灌输，然后才是诸多其他说法。教育的必要源自落差，落差形成了水从高处往低处的灌输，是一种由此及彼，首先是单向，然后才是互动，只有由此及彼才能发展到彼此互动乃至共生。很多人不太承认灌输，有诸多理论，实际上灌输是任何教育最基本的方式，也是第一目的。

移植是一个以灌输为先的综合过程。建筑学既是理科又是文科，或者说是独立于文科与工科而综合。实际上，建筑学、城乡规划学、风景园林学这三大独立学科，在用工业革命的理念来划分文科、工科之前，皆已独立存在了，也有不同叫法，不过是不同而通罢了。单纯地把建筑学划分为工科或文科这种思路就值得存疑。因而，建筑学教学，其灌输的内容，既要有知识，也要有思想，而首先由此及彼的，是技能。技能是途径，没有途径，知识和思想的移植无法实现。

移植是一个时间过程。人和人之间技能、知识、思想的移植必须有一定的"共在时间"，如同栽一棵小树，即使植树器械再发达，也不可能在一秒钟内把一棵小树栽好，浇水需要一个过程，小树吸纳水分更要有一定的时间，一次不能浇太多水，也不能长时间不浇水。正因为这样，建筑学教学过程，基本上是一个老师带 10 个学生左右，不能超过 15 个，这是规定，也是常识。这样算来，一个建筑学教师，其成熟而鼎盛的教学生涯，以 20 年计，可以接触 200 人年次的学生，大概会比较深刻地影响 50 个左右的学生，而且这些学生分布在各个年级。而这种深刻影响，以设计系列课为基本平台。

建筑学教学过程的首要途径是技能。技能可以表述为表达语言。手头的表达语言有两个方面：画图和做模型。设计系列课作为基本平台，其首要灌输就是画图和做模型。

"移植"这个词，归结到具体一点，就是要踏踏实实地把图画好，认认真真地把模型做好。这一点，也符合建筑教育作为专业教育的基本属性。

生长

移植，不可能是完全的拷贝，完全的拷贝既做不到，也没有意义。我们经常说，学生是一杯水，老师是一桶水。而实际上，至少在大学，这个貌似有道理的说法实际是不对的，如果是这样的话，推理下去，人类的知识就不可能发展了。移植的结果肯定不是滴水不漏的，在过程中肯定会发生一些变化，会发生一些变异，而正是这种变异，是我们第二个词"生长"的一个关键。

生长是一个错位与对应并存的扩张过程。知识就像一棵大树，它不可能完整地原封不动地从一个人的内心世界移植到另一个人的内心世界，这种传输中的错位与对应共同构成了生长的基质。我们也要看到，知识本身有一定的稳定性，移植的东西，要把握一个基本脉络。假定庞杂的知识有 1000 个点，其需要把握的基本的脉络，就一个老师的理解，可能有 100 个点，这 100 个点移植到学生那可能变成了 50 个点，而学生又从另外的 900 个点中吸纳了 100 个点，这样就变成了 150 个点，只有这样的生长才是有意义的。而与此同时，庞杂的知识扩张到了 3000 个点。

生长是一个可以设计的过程。在生长过程中，首先要抓住主要的东西。在建筑学教学过程中，要清楚在"这一个"的主要脉络是什么。我们不可能在一个教学进程中，在某一段时间内把所有的问题都解决掉。

以二年级的建筑设计入门为例，其基本过程要素可以归纳为场景、空间、形体、界面、材料、基地、环境几个方面。以餐馆和别墅为例，以上几个方面之权重和内涵训练有鲜明的差异。

餐馆的场景是城市的街道。二三十家餐馆放在一起，让每一个学生抽一个地段签，这个地段有左邻右舍，其左右两侧的墙是不能开窗的，以墙为垫，面对的街道是一条商业街，这个街道有一定的宽度。这个场景里，一定程度上会涉及街道的高宽比和交通的组织，但是作为大二的学生来讲，在这个题目当中主要解决的不是城市设计的问题，而是建筑设计入门的基本问题，如人的站、坐等最基本的尺寸，还有人的群体活动的尺度，一二百人同时就餐，桌椅相互之间的安排，等等。这个场景对设计的基本要求是尺度、界线、立面、特色、吸引人。

餐馆的基本空间组织有其要求，设定为二层或者三层，自然有楼梯的设置，楼梯的基本做法，多少人要配多少个厕位，还有食物的流线和人的流线，也就是内线和外线的区别，在这个基础上还有商业效率的问题。餐馆可以描述为一百把均好而有效率的就餐椅子和一个运营体系的场所。

别墅的场景是旷野。旷野中的建筑自身的形状应该是饱满的、完整的，它可以做成一个球，可以做成一个立方块，也可以做成伸展的，像赖特的草原别墅一样，什么形态不要硬性规定，重要的是让学生思考一个在旷野中的个性化建筑应该具备一个什么形态。

别墅的个性化形态源自个性化的生活，这与餐馆形成了一个鲜明的对比。餐馆面对的是某一个时间段内定义宽泛的顾客群，而别墅则围绕着一个人或者一个家庭有个性的生活方式展开故事，其界面又渗透到旷野之中。这样的逻辑必然形成一个核心空间，或名曰起居室，这个起居室里可能只放了一架钢琴，因为主人喜欢独自弹奏，也可能放了二十把沙发，因为主人喜欢会见宾客，也可能放了一个大餐桌，因为主人喜欢餐饮，也可能是建筑师自己的一张大大的桌子，可以供很多人讨论、画图。而这些东西要把人的活动和室外的、自然的环境融合到一起，场地、高差、绿化这些东西就自然而然地带动进来了。对比餐馆设计，别墅的椅子就不是那种带有商业效率的尺寸，楼梯也不是像餐馆里那样供很多人使用的公共楼梯，它的楼梯可以是很缓的，甚至可以是一个坡道，也可以是比较陡的，尺寸可以是夸张大的，可以是精致小的。别墅可以描述为一种富有个性的生活通过一组界面与内部空间和外部环境的对话。

生长是一个形成储备与变异基因的过程。把餐馆或别墅教学过程表述为一个建筑类型训练也可以，表述为建筑分析的若干问题也可以，重要的是在过程当中我们要逐一地、有针对性地把若干问题灌输给学生，移植到学生的素质当中，并逐步形成有序的生长脉络。在今后，学生面对的餐馆可能是一个写字楼的快餐店，可能是一个综合体的咖啡座，也可能是一个旅游点的餐饮区，别墅可能是深山的小客栈，可能是社区的俱乐部，也可能是海边的救护站。而基本的有脉络的移植与生长，确立了基本的能力储备，也保证了可能的变通拓展。

"生长"这个词，可以归结为，养成基本的感知力、理解力、想象力和表达力，把握"这一个"过程阶段的逻辑脉络，遵循"这一个"过程阶段的主要限定，落实为"这一个"为人服务的形态设计。这一点，也符合建筑教育作为职业教育的基本属性。

反哺

反哺并非指学生对教师的反哺，在大学期间，学生的知识量和老师的知识量会有一个应有的错位，而总量还是小的。反哺是指在师生教学过程当中对建筑教学乃至整个建筑学知识体系的补充和拓展。建筑学教学过程中会发现很多有意义的问题，这些问题有的来自实际与实践，有的来自讨论与探究。建筑学教学过程既要否定全盘空谈，又不能全盘否定空谈，讨论与探究的意义就在于思想的滋养，这种滋养就像有益菌一样，其本身并非物化成果，却可以是催化建筑学学科发展的温床。

反哺的内容来自形而上与形而下两大方面。建筑学教学过程有两大拓展方向。第一个是不局限于具体的建筑形态，而从城市乃至于更大的环境层面去思考问题，这方面已经有诸多理论，并且有一定的实践，很丰富，值得充分肯定。第二个也不局限于具体的建筑形态，而是走向更具体的形态形成的材料与做法，走向、回归、发现具体而实用的营造工艺。第二方面应该是建筑学教学过程应该着力讨论与探究的着力点，会产生很多对建筑学发展有益的东西，至少会埋下丰富的反哺基因。

具体而实用的营造工艺对于建筑学发展的反哺意义是根本性的。中国建筑发展有诸多问题，而其中有两个原因是同时存在的。其一，整体制造业的水平还有待大幅度提高。其二，建筑师本身对制造工艺、对一个东西到底用什么东西怎么做，缺乏理解探究甚至不愿意去接触了解。多年来，建筑学教学有一个通病，就是更多侧重于对整体形态的创造或想象，而缺乏对整体到细部的营造工艺的深入研究。建筑师很少从空间形态组织人手之后，综合研究美学、受力、节能，进而落实为个性的综合的材料组织。建筑师很少能够全面完成这样一个全过程，而只是在第一阶段披荆斩棘。

反哺有赖于"形而上"与"形而下"两大方面的共同努力。建筑学教学过程要在更大范围内研究问题，往上走，从城市到人居环境，往下走，要进一步拓展营造工艺，而这两极又是交会的。在这样的循环提升学习当中会闪现一些火花，一定要鼓励，这就是过程中的发现。一个教师可以辅导十个学生，而每一个学生都是独立的，所以应该是一加十的关系，而不是一大于十的关系，而且这个十中间也可以有诸多交叉。建筑学教学过程中很多有意义的发现是不能被简单拷贝的，这正是过程发现的魅力所在。要鼓励学生睁开眼、迈开腿，睁开眼就是要多读书读好书，扩大自己的视野，迈开腿就是要走出去，祖国的大地、山川、都市、小寨都是课堂，而且目前国际化的交流也越来越多，学生们在很多方面的选择范围都很大。

"反哺"这个词，可以归结为，拓展从城市环境到细部工艺的宽度，深入研究发展与营造的具体问题，拓展建筑学发展的基质。这一点，也符合建筑教育作为自然与人文综合教育的基本属性。

至此，漫谈了"移植""生长""反哺"三个词。"移植"是教师的技能转化为学生的表达技法。"生长"是教师和学生的设计实践转化为学生的设计手法。"反哺"是教师和学生的互动思考转化为建筑学的思考方法。表达技法、设计手法、思考方法正是建筑学教学过程的意义所在。

（北方工业大学建筑工程学院 党委书记 教授）

丽江观景台造型（贾东）

建筑教育不应抛开"学院派"和"包豪斯"

郭卫兵

建筑教育中的"学院派"源于19世纪中叶法国，当时的巴黎美术学院在绘画、雕塑、建筑方面都取得了很高的成就，它建立了一套欧洲建筑教育的完整体系，并且在20世纪初对美国建筑界及建筑教育界产生了巨大影响。"学院派"建筑教育崇尚古典建筑传统，探索经典美的规律，通过美术教学、严格的设计基本功训练，掌握古典建筑的设计方法，培养学生对古典主义建筑的景仰之情。所有这一切看似古板的、无创造力的严格训练，在建筑学的学生心中构建出一个理性与热情交织的梦想世界。

"学院派"建筑教育让人们学会敬畏，在璀璨的古典建筑面前，建筑师的心中往往心存感激和幸福感，这种情感的培养是建筑师人文主义思想形成的最初基础之一。"学院派"建筑教育训练了建筑师发现美的眼睛，传统的美学认为美是有规律的，美不仅需要创造，更需要传承，所有这一切，让世界上经典美得以延续并以不同的形式呈现。反观我们生活的各个方面，我们不得不承认，即使在当下这个多元化的社会，"学院派"仍是我们生活观、文化价值观的基础之一。

"包豪斯流派"是"学院派"之后的又一大建筑教育流派，它是对传统艺术与教育的挑战，也是对于现代设计的核心问题进行革命性的讨论与实践。"包豪斯"所倡导的现代主义建筑是时代的需求，它所倡导的功能主义在极大地满足了新生活需求的同时，其对形式美的探求，也以另一种方式实践着经典美学的特征，即对比例、尺度、肌理、虚实等要素的关注。

20世纪80年代前后的中国建筑教育实际上是将"学院派"与"包豪

斯学派"的结合，培养的建筑学人才既崇尚经典又面向未来，扎实的基本功训练、理性的思维造就了一批优秀的建筑师，即使对那些有着丰富的创造力的先锋派建筑师而言，这样的教育经历也是十分有益和珍贵的。

目前的建筑学教育已经进行了很多改革，从目前毕业生的素质来看，更多地关注了创造力的培养和当下数字时代的设计手段的掌握，这样的方向显然是时代的需求。令人担忧的是当下建筑学教育对建筑的本质是什么的回应不够完整。建筑的本质是什么？我们首先应该承认建筑的物质属性应大于它的精神属性，在物质属性方面，包豪斯学派崇尚功能主义的论点虽然存在争议，但在其发展过程中关注的"流动空间""有机建筑"等理论，则很好地为建筑设计提供了广阔的创作依据。在精神属性方面，人们对美的追求虽然越来越多元化，但和谐、崇高的美的境界始终占据人们的生活主流，学院派对美学规律的探索可以让一个年轻学子系统地获得美学的训练。当然，我们也许有新的途径去获得这些，但至少我们还没有任何一种理论去取代它。

纵观当代优秀建筑，继承与创新始终是建筑创作的原动力，继承就是对过去优秀建筑文化的认识和设计方法论的掌握，这个过程不是回到过去，而是更好地面对未来，温故而知新是一个由理性向感性转换的高级过程。从历史来看，建筑师是一个需要时间磨砺的职业，让教育以怎样的方式向学生传达这一规律，让年轻学子提前进入状态，这似乎不能靠一句话完成，也许可以从以前的教育规律中获得。所以，建筑学教育可以修改规则，但不能打破规律。

时代飞快地前进，那些引领时代的地标性建筑更多的是具有符号意义，大量建造的关乎民生的一般性建筑似乎仍不紧不慢地往前走着，所谓创造并未在它们身上留下太多印记，因为理性的美好才是生活的主流。在建筑学教育中曾有过的"学院派""包豪斯学派"，它们崇尚这样那样的主义，当下的建筑学教育仍然需要一些"主义"，而不是走向虚无的游戏。

（河北建筑设计研究院有限责任公司副院长 总建筑师）

把握建筑本质 引导内涵创新
——对我国建筑教育的思考

薛明

建筑教育的目的，是为社会输送与建筑相关行业的专门人才。主要方向是从事设计的建筑师，此外还有一部分在房地产、施工企业以及政府管理部门等与建筑相关的从业人员。无论从事设计还是管理，最基本的要求是对建筑的本质和内涵要有清晰的认识。做到这一点，从业者才能正确判断问题，作出科学合理的决策，并能准确地贯彻执行；才能以全面的视角评价创新。

从近几年进入社会的建筑学毕业生的情况来看，上述所期待的建筑教育目的并未完全达到。从用人单位设计院的角度看，比较突出的表现大致有以下几种情况。

第一，相当数量的毕业生仍然对建筑具有根深蒂固的"美术情结"。仍然习惯于把建筑置于二维坐标中的绘画，或三维坐标中的雕塑来解读。主要关注点放在建筑的造型上，而对建筑的社会角色、环境角色、使用的便利性、空间尺度的人性、建造技术和经济的合理性等建筑所必须关注的其他要素比较漠视，甚至比较陌生。

第二，盲目崇拜国外流行思潮和手法。很多学生对国外的明星建筑师趋之若鹜，但对他们的理论和作品及其产生背景没有深刻的理解。不顾项目的背景和环境，生硬地套用一些时髦的名词和形式。结果理论在设计中不能生根，建筑形式与内容严重脱离。

第三，对建造技术的严重忽视甚至鄙视。很多学生毕业后，对建筑的结构和构造仍然缺乏清晰的概念，更不理解技术与建筑创作的辩证关系。提出的方案往往没有可实施性，或者实施后的结果与最初的意愿大相径庭。

第四，缺乏真正的人文精神。我国理工科大学生的人文知识普遍比较薄弱，人文修养不足。在建筑学的课程设置中，人文课程也偏少。例如，环境行为心理学这门与建筑体验和人文关怀如此密切的课程，却一直得不到重视。很多年轻的建筑师热衷于时髦理论的包装和建筑形式的奇异，而对建筑应该满足的深层人性需求却缺乏热情。

造成以上情况的原因是多方面的，但都与建筑教育有关。我们不妨从以上几个方面分析一下我们在建筑教育方面存在的问题以及针对这些问题所应作出的改变。

一、走出"美术建筑"的怪圈

学生热衷于从美术的角度来讨论建筑，其原因大致有以下两个方面。

一方面是社会整体意识的偏移。我国在摆脱落后状态的发展过程中，出于民族自尊的心理，过于看重建筑在精神层面自豪情绪的表达，不仅将其视为建筑文化的主要任务，甚至视其为建筑设计的主要内容。很多领导在选择建筑方案时，只关心其标志性如何、是否达到雄伟的目的、是否象征了什么事物或精神。而作为非专业的大众和媒体对建筑的评论和关注，也更多停留在建筑的形式层面，认为创新就是外在形式的创新，却不了解建筑内在的逻辑，更不理解建筑在思想内涵上的创新价值。由此形成了一个强大的却是意识偏移的社会评价体系。而建筑师和建筑教育就处于这种不够理智的外部环境下。

另一方面是教学体系和教学方法进步迟缓。改革开放后的建筑教育在教育规模、教育设施等方面有了突飞猛进的发展。建筑教育评估也为保证和促进建筑教育质量起到了积极的作用。但评估只是高水准职业教育的必要条件，而不是充分条件。通过评估的建筑院校，除了持续满足评估条件外，更重要的是发展特色教育，探讨更高水准的教学模式。与教学规模的跨越式前进相比，目前建筑学教育在教学体系和教学方法上受到的束缚较多，改革步伐明显缓慢。多数院校的教学模式雷同，缺乏特色。例如：美术课沿用以传授技法为主的教学方式；相关课程虽然考虑了与设计课时序上的衔接，但缺乏有机融合；设计课仍采用以建筑类型为主的教学模式等等。

以上两方面，前者是社会整体意识的问题，虽然短期内难以改变，但通过教育的努力，或能促其进步。而后者则需要政府、建筑教育工作者和建筑师们共同努力取得突破。

第一，对美术课的作用和教学模式应进行反思。美术技法虽然有益于设计，但与设计的优劣并无必然联系。很多学生的设计和图面用尽技法之能事，却充满堆砌之感，反映出艺术修养的欠缺。因此，美术课不应囿于技法，而应拓展和加强鉴赏力的培养。除了美术，还应给学生创造机会接受其他艺术形式的熏陶，包括音乐、戏剧、电影、手工艺等，使学生在提高艺术修养的同时，还能体会各种艺术门类的物质约束与形式特征的辩证关系。艺术课程以及其他相关课程应与建筑设计课程在教学过程中联动互动，使学生充分理解各种因素制约下的建筑形式美的规律及其艺术价值。艺术修养的提高，不仅可以走出"美术建筑"的狭隘视野，更重要的是加深对建筑艺术特质的认知，提高建筑设计的艺术品位。

第二，加强建筑的综合观教育。要摆脱建筑的美术情结，更重要的是加强学生对建筑本质和内涵的理解。这就需要改变各门课程独立教学的状况，需要将相关课程与设计课的教学过程有机互动、融会贯通。纵使课程设置很全面，但如果各门课程的内容独立，彼此缺乏联系，学生在遇到实际问题时，知识仍是孤立的，思考仍是片面的。难以养成全面、系统、有机地将各方面知识联系起来综合考虑问题的习惯。例如建筑经济课，如果仅从经济专业角度给建筑专业学生讲概预算、定额、分项工程等概念，很难让建筑专业学生产生兴趣。如果能与建筑设计课结合，比如对设计作业提出限制造价要求，就会促使学生在设计中考虑经济因素，这时就会关注经济课的相关内容。在参加工作后就会有更主动的节约意识。
综合观教育还包括对创新的正确理解。一方面，要树立综合创新的观念，使学生清楚地认识到，建筑除了形式创新，还有其他多方面更有意义的创新，包括在社会发展、人性关怀、文化进步、环境对策、建造技术等方面的创新。另一方面，要处理好基础知识教育与发散性思维训练的关系。发散思维是思维模式的拓展，是培养学生独立思考精神的一种手段，但不是毫无根据、漫无边际的畅想。严重脱离实际的畅想是没有意义的，甚至是有害的。

第三，加强设计方法的训练。目前建筑设计课程的教学，大多还是以建筑类型的方式，按由简到繁，由易到难的顺序设置课程，逐步加强综合训练。这种模式虽然也符合学生接受知识的认知规律，但没有形成设计方法的系统训练。未能使学生掌握如何发现问题、分析问题和解决问题的有效方法。到毕业时，不少学生的知识架构仍然比较零散，未能建立起有机整体的观念和方法。对某些理论的生硬套用和对形式的过度追求，使设计常常漏洞百出、顾此失彼。通过设计方法的训练，可以锻炼学生的逻辑思维能力，培养学生综合思考的习惯。使学生除了对建筑的新潮理论和形式的关注以外，还对建筑担负的社会责任、与城市和周边环境的关系、人们的行为心理、技术经济的适宜性以及建筑的可持续性等方面给予更多的关注。

总之，各方面知识的融会贯通，并加强设计方法的训练，是帮助学生深刻理解建筑本质和内涵、掌握有效设计方法、正确理解创新的重要手段，需要在教学体系和教学方法上大力改革和探索。

二、对大师要有批判地学习

目前在学生中炙手可热的建筑师多数是探索型或实验型的明星建筑师。获得普利策奖的建筑师更受青睐。这些建筑师在理论或创作方向上持有特立独行的甚至非常前卫的主张，作品也往往具有轰动效应。特别是他们成名以后的作品，其业主、地段、项目诉求等方面与大陆性的建筑往往有较大区别，不乏带有广告色彩，甚至我行我素。因此，许多作品虽有积极的探索意义，但并不一定具有典型意义。甚至有些明星建筑师在鲜明的主张下不可避免地带有一些片面性，以至于作品中有不少明显的缺陷。
而作为主流的职业建筑师，其服务对象是更广泛的社会群体，其作品也是城镇肌体的主要构成，承担的是更加广泛的社会责任。他们也有自己清晰的主张，但会更加周全地考虑来自各方面的制约因素，以满足开发者、建设者以及使用者在功能、文化、安全、经济和技术等方面的需求。由于要考虑的因素很多，所以不能简单地以个人理念自居，其作品必须成熟、负责，切实反映社会最迫切和最基本的需求。

以上两类建筑师，所起的作用不同。前者起到探索和引领作用，但数量不可过多；后者是职业的中坚，是保障社会需求的主要力量，占绝大多数。而建筑学的教育向社会输出的学生，首先应该以职业的全面教育为根本，能够担负起更全面的职业责任。走前卫路线的建筑师只能是其中一少部分学生。因而，建筑教育必须让学生深刻理解建筑师的职业内涵，在学习大师的时候，了解大师理论和作品的背景以及意义，同时了解他们各自的局限性。这样才能清晰地知道建筑师所应该具备的基本能力和真正的创新能力。摆脱盲目追随的心态，从而在学习中确立更清晰的目标。

三、加强建筑技术的培养

让学生理解建筑技术在建筑中的重要作用，是促使学生深刻理解建筑内涵的重要一环。如果技术类的课程不是就事论事讲解技术原理，而是充分与其他课程或知识互动教学，例如与技术发展史、社会变革、经济制约乃至地理气候、地域文化、美学、行为心理等联动教学，就可以揭示出这些因素之间的深刻关系。使学生理解建筑和技术之间的内在逻辑关系，体会建筑技术对建筑创新既制约又促进的辩证关系，从而激发学生对技术类课程的兴趣，学生就不会盲从于纷杂的理论和奇异的形式，而是会从建筑的内在逻辑出发思考问题，对理论和形式建立自己独立的判断。

另外，建筑学是一门实践性很强的学科，而且随着时代的发展，其知识体系也在快速增加和更新。无论教师还是学生，除了密切关注理论发展外，更需要有充分的实践机会，才能深刻体会建筑的复杂性和综合性。因此，教师一定要有持续的实践机会，才不至于与理论脱节。同时，适度引进执业建筑师参与教学，也是加强建筑教育的重要手段。

四、加强人文精神的教育

建筑的最终服务对象是人。但是很多人在面对纷杂的思潮时，在开展纵深的设计和研究时，反而迷失了建筑的最终目的，在不知不觉中丢失了人文精神。

现在大学校园里有一股人文热，这是件好事。但什么是真正的人文精神，如何把人文精神切实落实到教育中，深入到学生的头脑当中，却是一个有待认真研究的课题。

人文精神的教育，不仅仅是增设几门人文课程，更重要的是将人文精神充分地体现在所有的教育环节中，形成浓厚的人文环境。教师首先要具备深厚的人文精神，并将这种精神贯穿在所有的教学过程以及日常的言行当中，使学生耳濡目染，铭刻在心。

人文精神，体现在对人的尊严、价值和命运的深切关怀中，是我们从事一切活动的根本。当我们过于强调建筑的形式，而忽视了社会公平、文化尊重、资源节约、环境保护等其他因素时，就背离了人文精神，也就是背离了建筑的初衷。建筑师的人文精神应该反映出对社会、对人性、对自然的深刻感悟和理解，是哲学层面的素养。只有上升到这个层面，才能使建筑师更深刻地理解建筑，站在更高的思想高度看问题，产生思想上的深刻沉淀，从而作出符合人们深层需求和长远利益的设计和真正意义的创新，即内涵的创新。

（中国建筑科学研究院建筑设计院 总建筑师）

风景（王景慧 绘）

关于我国建筑遗产保护专业人才培养的思考

刘临安

一、引子

2013 年 5 月 3 日，国务院公布了我国第七批全国重点文物保护单位 1943
处。在这 1943 处重点文物保护单位中，古代建筑和近现代建筑分别占
到 40.9% 和 16.9%，建筑遗产的数量占到总数的二分之一。在此之前，
从 1961 年到 2006 年，国务院一共公布了六批全国重点文物保护单位，
共计 2352 处。相比之下，第七批公布的全国重点文物保护单位的数量是
前六批总和的 82.6%，使得我国现有的全国重点文物保护单位的总数达到
4295 处。由此可见国家对于文物以及建筑遗产保护的战略姿态。

无独有偶，5 月 26 日央视《焦点访谈》发布了一篇令人沮丧的报道。山西
省高平市现存的许多古代建筑年久失修，遭受严重损毁或破坏。在这些损
毁或破坏的古代建筑中，不乏全国重点文物保护单位。例如北宋时期建造
的崇明寺，大殿的建筑结构保存有所谓的"断梁造"构架，还有金代的二
仙庙、三峻庙等，均为全国重点保护单位。电视画面清晰地显现，这些宝
贵的古代建筑，除了正殿还完整外，其余的配殿、院墙等建筑是一片破败，
惨不堪言。山西省一直号称我国的古代建筑大省，民间在描述古代建筑的
状况时，就有"陕西的地下，山西的地上"的说法，足见山西省是我国古
代建筑的"大佬"。在这次第七批公布的全国重点文物保护单位的名录中，
山西省仍以拥有 181 处国保单位而位居榜首。这两个事件，意义上一正一反，
时隔不到一个月，形成了建筑遗产保护的两个鲜明的对比。国家越来越重
视建筑遗产的保护，不断加大保护的力度；相反，拥有建筑遗产的头号"大
佬"却暴露出对于建筑遗产保护工作的极度淡漠和忽视。

由此及彼地再捎带出另一个相似的事件：4月8日香港影星成龙在微博上说，他打算向新加坡大学捐献四间徽派老宅，这些老宅是他在20年前在安徽购买的。事件一经曝出，网上热议纷纷，莫衷一是。

这几起事件，上至国家大计，中至国保建筑，下至民间陋宅，不管是拨动眼球的，还是震惊心头的，都引起了社会热议。这些热议的主题都是一致的、明确的，那就是对我国建筑遗产命运的担忧。

二、我国文化遗产的地位

我国是遗产大国，遗产拥有量的排名刚刚跃居世界第二位[1]，雄踞亚洲第一位。遗产中的文化遗产是一种历史文化的结晶和积淀，具有不可再生、极为稀缺的属性，是一种凝结着国家意志、传统文化、民族精神、社会价值、文明特征和经济动力的社会资源。

早在2006年，国务院在《关于加强文化遗产保护工作的通知》中明确地提出了我国文化遗产保护的发展目标："到2015年，基本形成较为完善的文化遗产保护体系，具有历史、文化和科学价值的文化遗产得到全面有效保护，保护文化遗产深入人心，成为全社会的自觉行动。"加强文化遗产的保护，既是建设社会主义的先进文化，贯彻落实科学发展观和构建社会主义和谐社会的必然要求，也是实现国家文化发展战略目标、提高综合国力的紧迫任务。党和政府十分重视文化遗产的保护，十七届六中全会明确指出："当今时代，文化越来越成为民族凝聚力和创造力的重要源泉、越来越成为综合国力竞争的重要因素。"做好文化遗产保护工作，保存祖国优秀文化遗产，实现从传统的"文物保护"走向"文化遗产保护"的大转变，对于贯彻落实科学发展观，弘扬中华民族优秀传统文化，具有无可比拟的特殊意义。与国家文化遗产保护政策相匹配的则是国家对于文化遗产保护的投入，后面这组数字可以充分说明这个形势。"十五"期间国家对于文化遗产保护的投入为34.02亿元，"十一五"期间增加到190.55亿元，"十二五"期间计划达到600亿元。这种大幅增长的投入说明了我国文化遗产保护面临着相当艰巨的任务。

面对这种形势，建筑遗产保护专业人才培养的问题日益显现出来。国家文物局在《国家文物博物馆事业发展"十二五"规划》中提出了关于人才队伍建设的任务，要求"培养一批熟悉文化遗产工作、懂经营善管理的复合型人才，一批善于运用现代科技手段保护和利用文化遗产的科技型人才，一批熟悉和掌握传统工艺技术的专业型人才，一批历史文化知识丰富、具有世界眼光、熟悉外语的外向型人才。注重培养文物保护规划、文物保护工程、文物修复、水下考古、出水文物保护、文物鉴定、陈列展示设计、文化创意、国际交流合作等方面紧缺的专门人才。以提高专业水平和创新能力为重点，注重培养文物保护科学家、科技领军人才、工程技术专家和创新团队。注重培养文物保护一线青年人才。加快培养一支门类齐全、技艺精湛的文物修复人才队伍和职业化、专业化的文物博物馆公共文化服务人才队伍"。

三、建筑遗产保护的人才培养

欧洲议会早在 1975 年 10 月签署的《欧洲建筑遗产宪章》中，就将建筑遗产保护确定为国家文化发展战略的重要内容。20 世纪 80 年代以来，欧美国家就开始培养建筑遗产保护的高层次人才。意大利、法国、西班牙这些建筑遗产大国自不必说，就连美国，都在上世纪末建立了本国的建筑遗产保护的专业和学位。有资料表明，在美国，就有九所大学开设具有博士学位的建筑遗产保护专业。甚至与中国文化具有同源基因的日本，也在 2004 年由文部省联合筑波大学开始培养建筑遗产保护的博士学位研究生。今天，纵观世界文化遗产拥有量排行前 10 位的国家（意大利、中国、西班牙、法国、德国、墨西哥、印度、英国、俄罗斯、美国），绝大部分国家都建立起了建筑遗产保护学科的完整的人才培养体系，特别是在高层次专业人才培养方面，形成了"跨学科、多专业、协同化、高新技术应用"的学术特征。

我国自从 1985 年成为 UNESCO《保护世界自然与文化遗产公约》签署国以来，虽然迅速崛起为世界文化遗产拥有量排名第二的大国，但是，在文化遗产保护专业人才的培养上，却是步履蹒跚，起色缓慢，明显落后于左右比肩的文化遗产大国。在建筑遗产保护专业人才方面，问题尤显突出。在文化遗产的整体构成中，建筑遗产占有极大的比重。另外，建筑遗产的保护不同于出土文物的保护：建筑遗产属于不可移动文物，不能像出土的青铜器或陶瓷品那样放置到博物馆里面保护，也不能在建筑遗产外面建造一个大棚子把它罩起来保护，"原地、露天、原样"是建筑遗产保护必须遵守的一些基本原则。所以，建筑遗产保护是一门具有特殊性的专业。

在我国，目前在大学本科阶段培养建筑遗产保护专业的学校只有上海的同济大学和北京的北京建筑大学（原北京建筑工程学院，2013年5月更名）。2003年，同济大学率先在我国开设了成建制的"历史建筑保护工程"本科专业，充分体现了同济大学在建筑遗产保护领域中具有的国际视野和战略眼光。今天，"历史建筑保护工程"专业已经走过10年发展路程的时候，培养建筑遗产保护专业人才200余名，其中已毕业学生137名。在专业教学上已经形成了"保护理论为基础、保护设计为主线、保护技术为特色"的成熟体系，堪称我国建筑遗产保护专业人才培养的排头领军。时隔9年之后，2012年北京建筑大学也开始正式招收"历史建筑保护工程"专业的学生，4年制本科学历，授工学学士学位。目前，在建筑遗产保护专业人才的培养上，形成了一南一北的两个"据点"学校。在建筑遗产保护的高层次专业人才培养上，例如硕士学位研究生和博士学位研究生，主要还是依托传统的建筑学学科来承担。像清华大学、同济大学、东南大学、天津大学等高校，基本上还是沿袭在建筑学学科的"建筑历史与理论"专业上开展建筑遗产保护高层次专业人才培养的路子。也就是说，在建筑遗产保护专业人才培养的体系建设上，从本科生阶段到研究生阶段之间至今还没有形成一个整体吻合的递进式阶梯。在这一点上，我国与欧美文化遗产大国之间还存在着较大的差距。

我国的教育决策者们似乎察觉到了这个制约我国文化遗产保护的问题。于是，教育部在2012年开展了一项称之为"国家特殊需求人才培养项目"的工作，在这个项目中开设了一个"建筑遗产保护理论与技术"专业方向的博士学位，为建筑遗产保护的高层次专业人才培养提供了一个良好的平台。

四、建筑遗产保护人才的知识特点

当今的建筑遗产保护与传统的古建筑维修早已不可同日而语了。建筑遗产保护不仅需要建筑学，还需要土木工程、测绘、遥感、材料、地质、环保、物理、化学等理工学科和历史、考古、民俗、人类等人文学科，它已经发展成为一种囊括多学科、跨专业、以协同合作作为特征、融合学术研究与技术突破的一种新兴学科。西方在20世纪90年代兴起的整体性保护（integrative conservation）策略，就充分体现了这个学科的学术特点。作为学科，它具有多学科跨专业综合的特点；作为人才，他具有多种知识复合的特点；面对传统建筑文化的保存，它需要从历史中传承学习；面对新技术发展，它需要应用方法上的特殊创新。"既不能失去旧的，又不能隔绝新的"是建筑遗产保护的工作特点。因此，建筑遗产保护专业人才、尤其是高层次专业人才的培养呈现出一种复合型知识结构的特点。相比之下，我国在建筑遗产保护专业人才的培养之路上，还有一大段路程要走。

建筑遗产保护专业人才的知识结构体现出以下几个特点。

第一，建筑遗产保护原理与相关学科理论的有机结合。建筑遗产保护项目是在共同遵循基本保护理念基础之上的多种学科参与、多项技术支持的协同工作，例如建筑学、城乡规划学、土木工程、材料工程、历史学、考古学等。因此，建筑遗产保护专业人才应当具备保护理论基础扎实、学科背景宽广、学术能力优秀、合作态度积极、交流能力良好的素质。

第二，建筑遗产保护工程中多学科跨专业的知识背景。建筑遗产保护工程涉及的知识面相当广泛，一般包括建筑、规划、土木、结构、测绘、环境、材料、考古、历史、美术等专业。在整个保护工程实施的过程中，建筑学专业虽然起到统领和协调作用，但不能一手包办。因此，建筑遗产保护专业人才应当具有较为宽泛的专业知识，表现出一专多能的特点。

第三，建筑遗产保护中对于传统建造技艺的传承学习。建筑遗产保护原则中十分强调对建筑结构、材料、工艺等传统建造技艺的传承，它是建筑遗产保护中对于"真实性"的一个应用原则。当今，建筑的传统建造技艺面临着技术进步带来的萎缩与失传的危险。因此，建筑遗产保护专业人才应当学习和掌握传统建造技艺的基本方法和操作技能，这是具有非物质文化遗产特点的建筑传统，应当成为建筑传统技艺的继承者。

最后，建筑遗产保护技术准则与方法的特殊应用。建筑遗产保护工作具有其特殊的技术准则和方法，例如最低干预、可逆、可辨识、可持续等准则，保护方案和维修方法必须正确地掌握"优良性"技术与"适宜性"技术的差别，即最先进的技术方法对于建筑遗产保护不一定是最适宜的技术方法。因此，建筑遗产保护专业人才应当具备在保护原理下对于技术准则与方法进行正确评价和应用的能力。

注释

[1] 2013 年 6 月 22 日，世界遗产大会在柬埔寨金边公布，我国红河哈尼梯田被批准为世界文化遗产，使我国的世界遗产数量达到 45 处，世界排名上升至第二位，仅次于排名第一的意大利（48 处）。

（北京建筑大学建筑与城市规划学院院长 教授 博士生导师）

从知识灌输步入对话境界

——20 世纪中国现代建筑教育境遇的文化反思

崔勇

本文试图论述回眸 20 世纪中国百年建筑教育的历程，让人们意识到，20世纪中国现代建筑教育境遇经历过第一代与第二代人的被动灌输式、第三与第四代的园丁式，直到 20 世纪末的第五代及新生代应时步入对话式的教育境遇，每一境遇展现不同的文化政治背景的影响及效应，可作为历史的参照。

我一直认为 20 世纪中国现代建筑教育境遇是一个值得深思的学术议题，从世纪初到世纪末，中国几代建筑师受教育的境遇所蕴含的文化历史意味充分显示了中国现代建筑教育的心路历程，这也是一种别样的中国现代建筑教育史，可给后人以深思与启示，历史当识之。

1994 年 7 月，我在我的硕士论文《中国第五代电影导演及其审美文化评判》中用出生年代先后的秩序（即辈分的长幼）将 20 世纪中国电影导演分为五代对其予以审美文化观照。在我的印象中，20 世纪末至 21 世纪初，天津大学曾坚教授 [1] 和中国建筑工业出版社编审杨永生先生 [2] 先后也研究过 20 世纪中国四代建筑学家与建筑师的学术成就和历史贡献。但我的研究与他们的不同之处是从文化现象学的角度反思 20 世纪中国现代建筑师教育境遇的意蕴。

不同际遇决定不同的境遇，因而形成不同的文化积淀，并因此而带来不同的文化效应。回眸 20 世纪中国现代建筑师前赴后继的历史传承，我根据历史背景和受教育程度与方式的原则，将 20 世纪中国现代建筑师分为绵延不绝的五代。第一代建筑师年事已高，大多是民国间的专家、学者，其中多数人已经作古，遗存下来的都是国宝级的人物，并因此而成为社会与高校及科研机构珍视的品牌。第二代建筑师已年过花甲，大多是 20 世纪 50、60 年代的大学生，现为教授或研究员、博士生导师，是各建筑院系或科研机构支撑门面的人物，常担任学校或学术团体的种种显要的职务。第三代建筑师年龄当在知天命前后，大多是"文革"前的大学毕业生，有些在 20 世纪 80 年代初又获得硕士、博士学位，现均为各院校或科研机构教授级的学术顶梁柱，有的已经是院士。第四代建筑师"文革"之后大学毕业的老三届居多，均已过不惑之年，正处大有作为的黄金时期，职称为正副教授不等，教学与科研主要靠这批人承担，多数正担任院系领导或教研室主任之职。第五代是 20 世纪 80 年代后上大学并获得硕士、博士学位的年轻后学，年龄均已过而立，充满朝气和对未来的憧憬。这五代建筑师不仅在年龄上自然序列，而且各自的生存境遇、品格、治学方法均显出不同的年代特征。总结并反思 20 世纪几代中国建筑师接受教育的历史境遇的得失，于现实建筑教育大有裨益。

第一代建筑师可以列出如下名单：

庄俊、吕彦直、柳士英、刘敦桢、赵深、陈植、童寯、董大酉、梁思成、
林徽因、杨廷宝、夏昌世、贝季眉、沈理源、关颂声、罗邦杰、范文照、
刘福泰、虞炳烈、朱彬、鲍鼎、张光圻、杨锡镠、李锦沛、林克明、黄家骅、
龙庆忠、卢绳、陈伯齐、谭垣、卢毓骏、陆谦受、徐敬直、王华彬、单士元、
哈雄文、李惠伯……

第一代建筑师多生于清末、民国时期，有家学背景并进大学深造，又受学于前辈大师的教导，接受了严格的学术训练，国学基础坚实而兼通西学，因此学业早成，往往是年未而立即被聘为大学教授之职，薪水丰厚，衣食无忧，得以潜心做学问并著书立说。他们的学术事业及其成就基本上是在 20 世纪 30 年代奠定下基础，40 年代战乱无疑影响了他们的学术研究正常发挥，但因学问积累的自然成熟，仍然使得学术著作不断产生。1977 年之后，高等教育恢复正常，第一代建筑师重新得到应有的尊重。各院校与科研机构名望的竞争、重点学科和博士点的设置全仰仗这批老先生。学科的规划、领导核心、学术团体的领袖人物也都是由他们担纲。各类出版社也大力出版这一代学者的全集、专著或论文集，重新确立起他们的学术地位和荣誉。这一代建筑师，就其受教育的中西文化交融的背景和从事的事业的历史际遇而言是较为幸运的，因此在他们当中不乏文化底蕴深厚且学贯中西的通才，成名成家的比比皆是，他们无论是专

事建筑设计，还是从事建筑学教学与研究均取得丰硕成果。学贯中西的文化积淀与时运赋予他们自由的文化交流空间，造就了一个学术文化繁荣的时期。正是他们这一代建筑师为中国现代建筑在国学的基础上融合西学精华奠定了基础。遗憾的是，第一代建筑师文化学术水平虽然相差无几，但他们的著作的水平却是相对参差不齐的。

第二代建筑师可以列出如下名单：
刘致平、张镈、张开济、华揽洪、莫伯治、徐尚志、林乐义、戴念慈、吴良镛、徐中、张玉泉、汪定增、陈明达、冯纪忠、赵冬日、汪坦、佘畯南、莫宗江、陈从周、刘光华、汪国瑜、李光耀、朱畅中、严星华、沈玉麟、龚德顺、白德懋、罗哲文、傅义通、刘开济、罗小未、周良治、张良皋、高介华、宋融、曾坚[3]……
第二代建筑师生长于战乱中，多数人没有家学背景，靠大学期间的教育打下知识的基础。他们的时运和道路很不相同，极少数运气好的受业于第一代学人乃至于更早的学者，获得学术上的熏陶，但大多数是靠自己摸索做学问，尤其是在战火纷飞的民族抗战的年代，他们的文化学识每每在颠沛流离的动荡生活中无所适从。正当他们跨上学术之路时，20世纪50、60年代一系列政治运动把他们弄得晕头转向。时间被剥夺，虔诚被利用，正当学术研究风华正茂的年龄却不得不服从并非擅长的繁重体力劳动改造，思想和体能的双重摧残造成他们当中无数人的早衰。生理年龄与学术年龄不成比例，是这一代学人的特征。到20世纪70年代末期，他们才有了从事学术研究的第二个春天，但耽误的时间和失去的青春是无法挽救的。与第一代学人比较，他们的知识面显得较狭隘，绝大多数人只能是专业部门的专家，极少是通才。第二代建筑师对新事物的接触有些力不从心，由于长期受僵化的教条束缚，当20世纪80年代新思想勃然大起的时候，他们不无抵触情绪，甚至排斥阻碍。对第二代的许多学人来说，相对于第一代学人水平均齐而言，他们的学术水平差异更大。好在他们在有生之年赶上20世纪80、90年代改革开放的大好时机，并及时树立了他们的学术威信，他们当中的一些学术大师和设计大师所创造的业绩对于中国现代建筑教育贡献是非常关键的，没有他们的业绩很难想象今天的教育景观是何种情形。正是他们创建的辉煌的业绩才奠定了中国建筑教育的基本格局与建筑学科体系的基本构成，颇令人叹息的是莫宗江等先辈留下的著述太少。

第三代建筑师可以列出如下名单：

尚廓、钟训正、齐康、关肇邺、彭一刚、邹德侬、魏敦山、傅熹年、陈世民、程泰宁、张锦秋、蔡镇钰、布正伟、何镜堂、王小东、马国馨、张驭寰、周维权、戴复东、潘谷西、陈志华、吴焕加、聂兰生、徐伯安、郭黛姮、路秉杰、吴光祖、王其明、孙大章、刘叙杰、赵立赢、王绍周、李道增、梅季魁、张钦楠、郭湖生、刘先觉、杨鸿勋、侯幼彬、王世仁、邓其生、邓述平、李宗泽、张家骥、费麟、冯钟平、顾孟潮、林萱、卢济成、凌本立、刘力、邢同和、郑时龄、杨秉德、黄汉民、项秉仁、刘管平……

第三代建筑师的成分较为复杂，有新中国成立初期毕业的大学生，有"文革"前毕业的大学生，也有"文革"期间的工农兵学员，还有"文革"结束后最早培养出来的一批研究生。这一代学人生活较坎坷，因此他们对来之不易的学习与研究机会倍加珍惜。这一代学人历经磨砺，阅历丰富，对自我和人生以及社会都有清醒的认识，他们对前辈的学术研究的突破首先不在知识层面上，而在理解的深度上。应该说，第三代学者在第一、二代学人的基础上，在学科发展的深、广度以及专题研究方面是超越了前辈的，尤其是他们在总体上也完成了前辈未竟之业。但由于教育背景的参差不齐和学术环境的优劣不等，他们的实际水平相差很大，平者不过尔尔，达者蜚声中外文化学术界。他们当中博士生导师成群，院士级的大家不乏其人。就整个 20 世纪中国现代建筑教育而言，他们是中国建筑事业发展的历史中坚。对于这一代学人，有学者认为他们"在自然科学方面要取得很大的成就恐怕很难了，恐怕要靠更加年轻的一代，但是，我希望你们在文化艺术创作方面、在哲学社会科学方面以及在未来的行政领导工作方面发挥力量"[4]。而他们当中的一些人却逆难而上，并创造了辉煌的业绩。

第四代建筑师可以列出如下名单：

吴庆洲、王其亨、王贵祥、张玉坤、徐行川、陶郅、刘家琨、张永和、崔愷、常青、杨昌鸣、王建国、张十庆、朱光亚、覃力、孟建民、赵万民、曾坚、程建军、梅洪元、汤桦、张伶伶、伍江、吕舟、钱锋、李保锋、柳肃、王军……

第四代建筑师的学术资历尚浅，无论是个人的还是群体的成果积累都很有限，但这批学人及其成果在专业领域已是不容忽视的存在。他们基本上是1977 年恢复高考制度后陆续进入高等学府的，以前三届本科生与号称"新三届"为主体，他们当中大部分人 1982 年以后师从第一代或第二代学者深造，受过较系统的学术训练。他们是恢复高考最初幸运的大学生，许多人原来是工人或知青，甚至是农民，历史际遇改变了他们的命运，因此他们非常珍惜机会而刻苦用功，经过不同阶段的深造，加之又有了出国做访问学者的机会，形成了较前几代学人更为正常的知识积累。尽管在艺术修养和综合实力方面显得薄弱，但他们从大学生时起就开始接受西方现代学术思潮，视野比较开阔，较少思维定式，系统论和多元论的思维方式是他们的基本学术理念，而追求思维方式的规范与表述的准确，则是他们的自觉的学术追求。第四代学人的能力比较专深，群体素质也比较平均。在某种意义上，第四代学人的成果可能在相当长一段时间内是很难被超越的，因为他们遇上了前所未有的读书与做学问的好时机。他们有明确的知识增长和学术积累意识，又有共同的学术理念，他们是学界寄予希望的一代。遗憾的是他们当中不少人忙于沽名钓誉，或出入于各种可以扬名的文化与学术包装场所，或忙于建筑市场的拜金主义的矩阵，因此而浪费了许多可以做出博大精深学问的时间。这恐怕是过早地给予这代人过多的荣誉与身份，致使他们中的一些人得意忘形所造成的。

第五代建筑师可以列出如下名单：

陈薇、庄惟敏、朱文一、周恺、朱小地、邵韦平、董丹申、徐卫国、王路、赵冰、王澍、徐千里、吴耀东、张宇、龚凯、李兴钢……

第五代建筑师是 20 世纪 80 年代前后按照正常的高考制度在完成中学学习后直接进入大学的一批学子，与第四代学人相比，他们的生活与学习是比较顺利的。这批人与第四代学人有过短暂的同校学习的际遇，受老大哥们如饥似渴的学习劲头感染，他们也很用功学习，经过系统的训练，掌握了扎实的基础知识与理论，成为继第四代学人之后富有潜力的后学。由于生活经历和见识的缘故，他们缺乏第四代学人身心所蕴藏的稳健深沉，但朝气蓬勃，敢想敢为，在创新意识方面，比第四代学人更有发展前景。他们当中的先锋者无疑是先导。这一代建筑师正处于新老交替的衔接过程中，他们已陆续在一些重大科研项目中流露出才华，一些学术研究成果与设计作品逐渐在国际上产生一定的影响，他们是学术转型期的后备力量。这代建筑师多半是 20 世纪 60 年代生人，大多已过不惑之年，无论是生理年龄还是学术年轮，他们都正处于出学术成果的黄金年龄。社会各界应该给予他们更多焕发创造力的机会与责任及权益保护，而不要对他们施加挤压与排斥，唯此才能使他们的事业保持强劲的发展势头。

除此之外，尚有一批属于第六代，或者说是新生代的更加年轻的建筑师也不能不重视。他们在 20 世纪 90 年代以后上大学，年龄在三十岁上下，其感悟新知的敏锐优势与文化积淀积贫积弱的劣势以及历史责任感淡漠都很明显，他们身心所受到的中西方文化教育以及生活经历均不练达，受后现代消解深度的文化影响很大，而他们是中国建筑发展的未来，应当得到激励。尤其是在后工业社会信息时代来临之际，这一代年轻的建筑师对于电子产品应用的敏感、敏捷之聪颖是前代人所不及的，电脑导致艺术把握世界换笔时代到来 [5]，在这一换笔的运用上越年轻越有本领，年长者在这方面向年轻人学习是不可否认的事实。未来是属于他们的。

比较几代学人教育境遇及其效应是意味深长的，我仍然觉得中国建筑师缺乏科学与人文精神相济的生命力。斯诺曾说过："我曾有过许多日子白天和科学家一同工作，晚上又和作家同人们一起度过，情况完全是这样。我经常地往返于这两个团体，我感到它们的智能可以互相媲美，种族相同，出身差别不大，收入也相近，但是几乎完全没有相互交往。"[6] 从这里可以看出，斯诺极力反对文理科老死不相往来的单向度的学术研究品格，并呼吁这双边的学术研究人员要彼此靠近，在相互取长补短的学术境界中将学术研究不断推向前进。近代以降，中国学术界的文、理之间每每以"隔行如隔山"的遁词束缚了各自的手脚，从而走上一条畸形发展的学术研究道路。其实，在学术研究中，科学理性有其极限，人文浪漫也有其边际。倘若能够做到一方面科学理性向人文学科渗透，另一方面又能够使人文精神向科学理性融入，就可能使学术研究成果既渗透着科学的人文精神，又不乏人文化了的科学精神，从而走向科技人文相结合的新的学术研究境界 [7]。对于建筑教育来说，重视科学精神与人文精神有机结合尤其重要。因为建筑学科是项涉及"建筑理论与建筑历史之间、建筑物质形态与精神意蕴之间、建筑技术与建筑艺术之间、建筑科学与人文科学之间、建筑创作与建筑受用和欣赏者之间、建筑实践与自然环境之间构架起的审美中介桥梁，并以此使这些相对应的两极之间产生交融与对话"[8]。唯有在多重的文化视野中来关注建筑，才能有更合乎情理的学术研究结果。就此而言，中国营造学社同人们没有一个不是我们后学之人的学习榜样。梁思成 1947 年在清华大学曾作过《理工与人文》的讲演，呼吁中国建筑教育要注重"理工与人文结合"。在他们的身心里，既灌注着丰厚的传统文化底蕴和激扬文字的人文气息，又洋溢着浓郁的现代科学精神。这对我们今天诸多的后学尤其是新生代来说，其学术品格仍然值得引以为豪。

回眸百年中国建筑教育的风雨历程，可以说在中西方文化背景双重境遇的影响下，中国的建筑教育境遇经历过第一代与第二代的被动灌输式、第三代与第四代的园丁浇灌式，发展到现在第五代及新生代正在步入的古今中外平等对话交流式的新教育境遇。在对话式的教育境遇中，教与学不再是教训与被教训的，而是对话式的参与，人与人之间、人与自然之间、不同学科之间融合而不隔阂，从而消解唯我独尊与极端的倾向，融中西建筑文化于一体[9]。

写到这里我不由得想起了清代文学家赵翼《论诗》中的诗句，其曰："李杜诗篇万口传，至今已觉不新鲜。江山代有人才出，各领风骚数百年。"反思之后，当寄望接踵而至的未来。

（中国文化遗产研究院 研究员）

注释

[1] 曾 坚：《中国建筑师的分代问题及其他——现代中国建筑家研究》，《建筑师》第67期，1995年。该文系国家教委博士基金资助项目"中国当代著名建筑师的建筑作品与设计思想研究——现代中国建筑家研究"之一，在文章中，曾坚根据20年为年代经历的历史时段、先后的师承关系、建筑自身发展的历史阶段等原则，将20世纪的中国建筑师分为四代，即第一代建筑师为1910—1931年左右；第二代建筑师为1932—1949年左右；第三代建筑师为1950—1966年左右；第四代建筑师为1966年至今为止。

[2] 杨永生：《中国四代建筑师》，中国建筑工业出版社2002年1月版。在该论著中，杨永生根据中国几代建筑师成长的社会历史背景、教育背景以及年龄段将20世纪中国建筑师分为四代，即第一代中国建筑师是清末至辛亥革命（1911年）年间出生，他们当中大部分于20年代末或30年代初登上建筑舞台，这一代建筑师几乎全部是留学外国学建筑学的；第二代中国建筑师是20世纪10—20年代出生并于新中国成立前大学毕业；第三代中国建筑师是20世纪30—40年代出生，而且于新中国成立后大学毕业，他们成长的年代是抗日战争（1937—1945年）和解放战争（1946—1949年）时期以及新中国成立后的50—60年代；第四代中国建筑师出生于新中国成立以后，成长于"文化大革命"时期，上大学适逢中国改革开放的年代。

[3] 此一曾坚系建设部室内设计专家，与作为第四代建筑学教授天津大学建筑学院的曾坚是不同一个人。

[4] 李泽厚：《走我自己的路》第6页，中国盲文出版社，2004，年10月版。

[5] 黄鸣奋：《电脑艺术学》第16页，学林出版社，1998年6月版。

[6] [英]斯 诺，纪树立译：《两种文化》第2页，生活·读书·新知三联书店，1994年3月版。

[7] 肖 峰：《科学精神与人文精神》第282页，中国人民大学出版社，1994年10月版。

[8] 崔 勇：《建筑评论的本质与方法及评价意义》，《建筑》1999年第6期。

[9] 参见滕守尧：《文化的边缘》第367—372页，作家出版社，1997年4月版。

找回建筑师的灵感

屈培青

从我们各大设计院这十几年的招生趋势看，建筑院校的数量不断增多，建筑学院的学生成倍增长，建筑的教育周期逐渐延长，但毕业生的整体质量却有所下降。很多建筑学院的研究生通过 8 年（5 年本科 +3 年研究生）的学习毕业后，其执业能力还比不过 20 世纪 80 年代末期和 90 年代初期 4 年毕业的本科生。研究生自己也会觉得非常不理解，毕竟 8 年的努力、成绩优异，为什么却还不如从前呢？我们分析了一下，主要有三方面的原因。

第一，学校的规模及质量。30 年前，建筑学专业的毕业生来源主要以老八校为主，当时的建筑工程学院，招生数量有限，要求严格，即便已被建筑院校录取，入校后还要再加试美术基础，如果考得不好，则需要转系，同时院方会从其他专业转入一些具有美术基础的学生来补足名额。由此，当时建筑院校的生源普遍具备较好的美术功底，各建筑院校毕业生之间整体水平接近且质量较高。

30 年后的今天，建筑市场空前兴盛，受此影响，各高校争相创办建筑学院系，建筑院校如同"雨后春笋"层出不穷，加上国家的扩招政策，导致建筑院校的规模以及生源数量空前壮大，下表为某重点大学建筑学院 80 年代学生数量与不同时代建筑学专业学生数量的对比分析。

	80 年代每届情况		2008 年止每届情况	
	班级数	人数	班组数	人数
城规班	1 个班	30 人	2 个班	2×30 = 60 人
建筑班	2 个班	30×2 = 60 人	3 个班	3×30 = 90 人
本硕班	—	—	1 个班	30 人
环境艺术班	—	—	1 个班	30 人
合计	3 个班	90 人	7 个班	210 人

2008 年学生数量的对比可见，现在的研究生招生，城规、建筑、环境艺术三个专业每年共计招生 200 人，加上本科生 210 人，共计 410 人，从数量上远远超过了 80 年代的 90 人，那么这 400 人毕业后的整体水平又如何呢？从我们院每年招收的毕业生情况来看，现今毕业生的整体水平尤其是在创作构思能力和建筑表现力方面要弱于 80 年代至 90 年代的毕业生，甚至出现了本、硕 8 年还不如过去的本科 4 年。加之很多考生出于对热门专业的向往，不顾美学基础与抽象思维的欠缺，盲目报考建筑学专业，导致入学后理论学习成绩优异，但对建筑创作实践却无能为力，尽管是一名优秀的学生却不是一个合格的建筑师。尽管建筑专业教学规模空前扩大，但整体质量堪忧。

第二，计算机时代的冲击。由于科技进步，计算机迅速普及，电脑技术确实给设计带来了很大帮助，使设计者从许多繁杂的具体制作中解脱出来，在设计制作方式上带来了革命性的变化，但不可否认这种"革命"在其种程度上扼杀了建筑学学生的创造性思维，"成也计算机，败也计算机"，其根本原因在于使用电脑辅助时忽略了手绘基本功的培养。以前没有计算机的时候，我们必须得用手绘草图、手绘渲染图，看上去虽然效率不高，但无形中培养了审美素养、提高了方案能力。然而，在现今的高校培养计划中美术课和钢笔速写往往成了完成任务的"过路"课程，很多学生毕业后建筑美术基础和表现力达不到要求，甚至干脆放弃了手绘基本功的训练，直接进入到了计算机画图阶段，虽然对 SKETCHOP、3DMAX、PHOTOSHOP 等软件的建模与渲染掌握得比较熟练，但方案能力不够，没有真正认识到计算机这种逻辑思维的学科是为我们抽象思维创作服务的，是不能取代抽象艺术的。这便是学习方法上的本末倒置，其结果是很多学生毕业后，放弃绘画，不会钢笔徒手构思草图，更谈不上有一个正确的构思创作方法。这就不得不使设计院在进人和大学在考研复试时，用快题考察学生的思维表现能力，从每年报考硕士的考生摸底情况不难了解到，有的建筑学院学生，5 年没有做过一次快题设计，钢笔画没有超过 20 张，现在我招的研究生第 1 年在完成攻硕必修课程的同时，要求学生每学期完成 100 张至 200 张钢笔画，旨在弥补本科培养所欠缺的美术基础。

第三，师资队伍的建设。各高校每年的毕业生必然会有部分留校任教，从而为高校师资队伍的建设不断注入新的力量，近年来我们对一些年轻的老师进行了跟踪，发现往往由于老师自身基本功的欠缺，导致学生手绘能力的不足，我从学生中了解到很多青年教师，对学生的快题及方案草图只动嘴不动手，原因是老师也不会徒手草图，由此导致建筑院校的基础教育正在弱化。

面对这种现实情况，需要我们从根本上找回建筑师的灵感，恢复并提高建筑创作的传统基本功——手绘钢笔画。钢笔画及钢笔速写草图是建筑师进行方案构思时表达最快捷、最直接的手段。训练和提高建筑钢笔画法的技法，不只是提高钢笔绘画的美术能力，更主要的是提高我们艺术鉴赏能力和方案设计能力。因为，我们在训练大量钢笔画的过程中，一方面记录大量的建筑词汇，一方面掌握了钢笔绘画技法，此外手上已经控制了建筑构图的基本原理，使我们能手脑并用，脱手成图，就像我们学习语文，平时学习背诵了大量的短文、范文，到了写文章和讲演的时候，就能做到脱口成章。总之传统手绘表达在当前仍然有着不可替代的价值。这种价值同样表现在如下三个方面。

第一，传统手绘代表着灵动思维与精确表达。素描基础与色彩感知是一位合格的建筑师所必须具备的两个方面，而这两个方面却又必然通过手绘训练才能得以实现，素描基础的好坏决定了建筑师对于造型能力、透视能力、观察能力、概括能力的掌握程度，在设计方案的草图阶段，它可以使设计者准确、快速、形象地抓住稍纵即逝的构思灵感。此外，建筑师如果能够驾驭不同的色彩为我所用，可以使我们的设计成果更加形象生动，这种对色彩的敏锐感受能力和驾驭能力，不管对于手绘设计还是计算机设计都是不可缺少的。所以传统手绘，不仅可以培养我们迅速、准确地表达头脑中的灵感发现，同时也是设计师寻找灵感的最有效手段。

第二，传统手绘代表着较高的艺术素养水平。建筑设计不是纯粹的专业技术，创新的根本在于设计师的艺术修养，这其中除了包括对专业技能的要求，还包括对设计师审美能力的要求。这种艺术素养不是天生而至，而是在长期的艺术实践中培养形成的，在手绘建筑画的创作过程中，活跃的设计思维和不同的表现手法的运用也是提升自身艺术修养的有效途径。也就是说传统手绘是计算机所无法取代的提高学生艺术素养的有效手段。

第三，传统手绘必为计算机辅助设计的基础。手绘建筑画所表达出来的画面魅力、风格和思想意境是纯粹电脑绘制所不能比拟的。当然电脑建筑画的发展已经极大地扩充了建筑画的外延和内涵，但我们不能把它当做唯一的手段，电脑只是一种技术辅助，它的作用只在于帮助建筑师完成技术层面的工作而非设计思想，操纵电脑的是人，一切反映到电脑层面的图像都来源于建筑师全面综合的艺术素养。而手绘建筑画恰恰在这些综合素养的培养上起着重要作用，所以，手绘是计算机辅助设计的基础。

手是人类最灵巧的工具，它与我们赖以思考的大脑的密切关系决定了手绘的重要性。手绘的作用是电脑无法取代的，它不仅是以前建筑师必须掌握的技能，也是现在甚至将来的建筑师所必须具备的素养。面对纷繁复杂的建筑市场、日新月异的科技水平，建筑师应理清手绘与计算机的关系，重新重视传统技法，同时，这也是在时下建筑教育当中所应重点强化的方面。

（中国建筑西北设计研究院 总建筑师）

钢笔画（屈培清）

关于建筑教育的杂感

吕舟

建筑对社会的发展具有重要的影响，建筑师在不断塑造或改变人类的生存环境和生存方式，建筑师在不断满足人类对生活的要求。古典时代，以及后来的现代主义时期赋予了建筑师更大的影响力和权利。建筑师也因此而承担起了更为沉重的社会责任。后现代主义时代，社会在一定程度上呈现出扁平化的发展趋势，建筑大师的时代一方面成为过去，一方面"复制"又使得所谓"时尚"更为深刻地影响建筑的设计和建造，而这种情况在文化影响力处于弱势的所谓新兴国家变得更为突出。

中国 20 世纪 80 年代以后建筑的高速发展，使建筑创作呈现出"百花齐放"高度繁荣的局面，中国建筑师得到大量实践的机会。所有制的多样化，使得建筑创作获得了更多的机会和可能性，建筑师也因此获得了更多的展示自己能力的机会。与此同时大批国际著名建筑师也在中国建筑市场发展中获得了越来越多的机会，不仅在北京、上海这样的一线城市出现了越来越多的国际著名建筑师的作品，甚至二线城市也越来越多地吸引着这些建筑师的目光。与此同时，社会对城市整体建筑发展的评价却并没有明显的提高，在某些方面甚至有更多负面的评价。随着我国城市化进程的进一步加快，作为新的城镇的规划者，作为新的城镇环境的设计者，规划师、建筑师尽管并非这一切的决策者，但他们仍然对决策具有重大的影响，承担着巨大的责任，他们在一定程度上影响着我们未来的居住环境和生活方式，这对我们的建筑教育提出了一个严峻的问题：应当如何适应这样的时代，如何培养出能够在这样一个时代承担起所担负的巨大责任的建筑师、规划师？

或许一些建筑师正在讨论建筑是否还是艺术，是否需要把建筑师从源自于古代希腊的艺术的"桎梏"中解放出来，或许这只是表达了一些建筑师对于"时尚"的厌恶，对于建筑回归于建造的追求，或对于今天建筑科学与技术的回归。然而当我们回归于"艺术"的本质，会发现真正的所谓艺术，事实上是处理各种事务与复杂关系的技能，无论古代希腊还是古代中国都是如此。因此从本质上，我们建筑的专业教育，恰恰应当是一种教授艺术的过程，建筑教育应当帮助年轻的学生，了解并在一定程度上掌握如何"艺术"地解决在规划、建筑设计中遇到的复杂、综合的问题，并帮助他们建立一种标准，使他们知道面对问题的时候什么样的方式是正确、"艺术"的方式，什么是错误和蹩脚的方式。因此建筑教育中，或许所有的教育都是如此，需要两个方面的基本内容，一个方面是技术手段，一个方面是"品"。我们今天在一个技术爆炸的时代，各种技术的发展让人们应接不暇，学校在这种情况下，往往会陷入这种侧重教授技术性手段的陷阱，而忽视了建筑师"品"的培养，这里的"品"，是品格，是品位，也是品德。没有有品格的建筑师、规划师，怎么会有有品格的城市和建筑？没有有品位的建筑师，怎么会有有品位的建筑？在建筑院校中忽视建筑历史教学的作用，忽视建筑理论教学，忽视建筑评论，恰恰是忽视"品"的教育的表现。

建筑不仅是建筑师的工作，同样也是业主、管理部门的工作，缺少对于"品"的追求，缺少正确的标准的业主和管理部门，也很难有有"品"的建筑。因此，建筑的教育同样应当承担起非专业教育的责任，艺术史的教育应当成为普通高等教育的一个不可或缺的组成部分。在这种普通高等教育中"品"的培养，本身也是在塑造我们未来的社会。

（清华大学建筑学院 教授）

因时施教

王辉

以我的届数，如果不读清华，今年正好毕业24年。这两个轮回，比起当今在校生，可以算是大一辈了。如果让我来思考我们这一辈和下一辈在专业教育有什么异同的话，最好还是从辈分说起。

论作用，我们这辈人一毕业就是国家急需的栋梁之材；而这辈毕业生，出校门就面临着失业。论机遇，当年我们毕业后，在短短的数年内，都成为了单位里的骨干。我毕业后不到10年，就和我的合伙人开始了URBANUS都市实践的创业。这样的机遇，源于"文化大革命"10年真空给我们这辈人带来的红利，顶上的一辈人忽然离岗，后继无人，猴子成王。但今天这种"猴"年吉运再不复返。我们这辈人过早地上岗导致了下辈人上位机会的丧失，如果等待我们的退休，他们的机遇或许会被轮空。这种现象在高校中非常凸显，博导和讲师之间岁数不到10年之差，而从讲师晋升到副教授之路已然漫长无比。

这种特殊的天时条件是思考这辈人建筑教育定位的支点。这个支点的核心是创新教育。由于我们这辈人过早地接班，使我们更擅长操作常规的建筑体系。而这个体系正不断地被新时代的各种创新力量所冲击。面对这种挑战，我深刻地意识到20年前在学校的积累是多么重要；而中年所气短的，正是20年前所应准备的。

这个准备是什么呢？是围绕着"创新"的一整套教学系统。

（1）创新意识。学校首先要培养的是一种耻于不创新的意识形态，要使学生对创新有所认同、有所渴求和有荣誉感。只有从起步起培养这种意识形态，才能使设计师在日后有独立的人格、个性化的设计气质和独到的设计见解。

（2）创新认知。以创新为核心理念的教学系统中，学校既有课程的知识点没有必要更变，也无以变更，但串联这些知识点的构架要有所调整。任何新知识都是对旧知识的革命，都有着创新精神。讲知识，就要讲这些精神，理解这些精神。例如，建筑史，不是或不仅仅是风格史和文明史，更是创新史和发明史。

（3）创新视野。今天的设计越来越是一种综合的设计，越来越离不开其他知识领域。他山之石，可以攻玉。只有在建筑教育的起步，就培养学生对非专业知识旺盛的求知欲，对社会现象的敏锐观察，对新鲜事物的融会贯通，才能使其日后具备较敏感的洞察力。

（4）创新训练。创新有它特定的操作模式，只有通过一种系统化的训练，才能够培养学生自觉的创新习惯，个性化的思维逻辑，以及在创新过程中面对各种挑战的把控能力。

上述围绕创新教育的四个教学设计，对培养这辈学生是比较有益的。当他们进入当前的设计机构时，这些知识准备对于上辈建筑师而言是个补充。当他们自己创业时，又能够和上辈建筑师拉开距离，另辟蹊径，找到差异点。

之所以在这里强调创新意识在设计教育中的重要性，也针对于目前教育中的一个概念的混淆。自20世纪90年代以来，建筑学的职业教育体系逐渐完善。建筑学专业的招生膨胀所带来的师资匮乏、用社会培养代替学习培养，以及社会上项目过多带来高校教育中学术和实践的不分，也使得职业化的教育倾向在学校越来越明显。这种职业化的趋势，有利于学生离校后头5年的发展；而对其未来的前途，则没有足够的后劲准备。因此，这里要提出专业化的概念，使之和职业化有所区别。而在专业化的理念中，创新是个灵魂。一个专业，假如没有创新，就会没落，会被其他专业所取缔。这并不是危言耸听。例如3D打印代替建筑，不是没有可能。当建筑师充耳不闻技术革命时，另一种先进技术会彻底替代这个行业的传统技术，甚至会替代这个行业。

总之，建筑教育的设置是时代使然。我们必须基于时代的需求，来理解教育和设计教育。

（URBANUS 都市实践 总建筑师）

怎样才算到位？
——对建筑教育的一点个人体会

黄全乐

虽然有过数次建筑理论课讲授和带毕业设计课的经历，但我并不是真正意义上的建筑教育工作者，更多的是建筑教育的受益者。在国内完成了 8 年的从本科到硕士的建筑学专业学习，在法国再经历了近 10 年的城市研究博士学位攻读与同步的事务所实践，我于 2010 年回到华南继续从事建筑与城市设计实践的工作，至今有 3 年多。

从国内华南的校园，到法国巴黎的校园，自己的学习和就业主要地点都没有离开校园这个环境。也许我可以从这种经历所接触到的建筑教育，以一个从学生到职业建筑师的体会，来介入这个讨论。

华南理工大学建筑学院在去年刚刚庆祝了它的 80 周年华诞。作为华南建筑教育的重地，这个学科的奠基元老，均有留洋求学的背景。从首任系主任林克明（法国里昂建筑学院）到其继任胡德元（日本东京工业大学），从陈荣枝（美国密歇根大学）、谭天宋（美国哈佛大学）、金泽光（巴黎土木工程大学）、杨金（美国康奈尔大学）等历任教授到华南建筑教育的三大重要人物龙庆忠（日本东京工业大学）、陈伯齐（日本东京工业大学＋德国柏林工业大学）和夏昌世（德国卡斯鲁厄大学）[1]……总体上，他们带给这个建筑学科的是源自欧洲的包豪斯和布扎两大体系的理论基础，走的是注重技术和实践的现代建筑教育之路。同时，基于这样的总体追求，发展出了数个面向实践的学科体系，诸如龙庆忠先生主张的防灾、建筑修缮保护等专题、陈伯齐先生倡导的住宅热工和通风等亚热带建筑研究课题，"建筑与经济""特种结构与形式"等实用型课程，以及夏昌世先生推行的岭南地区遮阳、通风、隔热等具体的建筑设计技术与方法……这一脉学术给养，给华南的建筑学教育奠定了兼有包豪斯学派和布扎体系的技术美学基调，同时又带有浓郁岭南地方特征的多元并蓄、灵活务实之风气。

对于学生而言，这种建筑教育定位，其积极的一面是目标明确，富有效率，通过专题学习结合项目实践，培养出来的务实精神和动手能力，使得学生们经过 5 年的本科学习，能很快地适应职业市场和工程实务。然而现实的建筑教育过程，给学生带来了令人困惑的另一面：以理论灌输和案例示范为主要教学方式的课程，加上以建筑类型的变化作为各年级设计课题目的命题逻辑，让学生在知晓了不同建筑类型的设计手法，练习了几年的形态美学实践后，并未真正学到一套关于设计的方法，尤其是，未能建立起独立判断和创新的主观能力。由于主要还是家长式的范例教育，而不是刺激思考和辩论的训练方式，我们其实被引导成为一个了解实战技巧的工程技术人员。同时，与建筑本质相关的对历史、城市、社会和人文等问题的思辨，仅如建筑设计"理念和说法"一类的点缀物，因为未有系统的教学启发，而无所归依。在成为一个真正合格的建筑师路途上，这种培训的经历有明显的精神层面的缺失。

这种感受本来仅停留在毕业后的困惑，但是在留学法国后才倍感强烈。从个人经历来反思，国内外的学习收获的差异在于，国内的教育是"授人以鱼"，国外的教育是"授人以渔"。虽各有千秋，但是从长远的影响效果来看，学习到技巧与掌握思考方法的结果差异，应不可同日而语。什么才是在学校里最值得培养的素质，让学生出了校门还能有效地继续发展和提高怎样的建筑教育才算到位？我尝试从进入法国研修过程的个人变化来做个比较思考。

一、到"布扎"体系的核心阵营去

从 1819 年起正式成立的法国布扎（BEAUX-ARTS）教育体系，历经

150 年发展，建立了一整套建筑法则，把建筑理论系统化，并在欧洲及美洲的建筑学校开枝散叶，对建筑教育的影响深远而广泛。这个教育体系一方面重"图艺、建筑史、设计"的实践类技能传授，另一方面坚守技术和人文课程的传统教育，带着学徒制的中世纪遗风，衍生出各种经典学术流派，以"唯美 + 严谨"的学术精神，维持着其权威影响力。即使到了 1968 年的法国，布扎体系从高度统一的艺术学院分裂而成数个专门化的建筑学院各自发展，它的经典的教学传统和影响力在后来 40 多年的各个建筑学院的发展过程中，却从未消减过。

个人在硕士毕业和就业后，选择进入法国国立高等建筑学院继续学习，主要目的就是想进入这个影响了欧美，进而影响了国内主要建筑学科的布扎体系的核心区，去切实体会其真容，寻解心头之惑。

在"核心区"求学的感受，首先是"去魅"的过程，看到真实的学术和实践被教授的过程，体会它带给自己的冲击，并真切地体会到建筑学教育自有的生命魅力：个人的创作潜能在学习过程中被引导和释放，并有一种被建筑学科深厚而扎实的知识重新充盈的满足感。

巴黎国立高等美术学院（ECOLE SUPERIEURE NATIONALE DE BEAUX-ARTS）在法国 1968 年的五月风暴后，由当时的法国文化部长执手改革，将原本作为美术学院三大门类之一的建筑学科分离出来，在法国各地创建多个建筑教学单元，随后成为约 20 所遍布各大城市的国立高等建筑学院，直属法国文化部，教学内容涉及建筑设计、城市规划、景观等方面。建筑学科从美术学院脱离出来这个行动，本身就带有扬弃单一的美学宗旨而走向跨学科、多元化的立场和目标，因此，各个建筑学院在保证扎实的建筑学基础教育的前提下，各有自行追求的教学特长和侧重点。学校不讲排名，而是着重凸显这方面的特质。

在巴黎有 6 所国立高等建筑学院。这里面，有法国实验性建筑的先锋学院"巴黎玛拉概建筑学院"（PARIS-MALAQUAIS），教学不拘一格甚至有点天马行空，鼓励多种跨学科的课程和教员介入；亦有本人选择就读的高举"后柯布主义"旗帜的法国现代主义建筑大本营"巴黎美丽城建筑学院"（PARIS-BELLEVILLE），其教学恪守经典的学院派体系，以专业课程配置完整、教师要求极为严格、学生基本功和理论学习极其扎实而闻名。作为巴黎美丽城建筑学院的学术领军人，H. 西里亚尼（Henri Ciriani）对柯布学派在建筑教育中的发展起到了积极推动的作用，他带领学生在 20 世纪 80 年代的各种设计竞赛中屡获大奖，影响深远。在法国其他城市，还有重视规划和专门研究地中海建筑的马赛建筑学院，有专攻建筑声学的格勒诺布勒建筑学院，还有在计算机技术方面师资力量雄厚的里昂、图卢兹、南锡等建筑学院，在都提供完整的建筑学基础教育的前提下，百花齐放，各有专攻，从而吸引抱持不同兴趣的师生聚集。

对于学生而言，从他们要选择就读哪所建筑学院开始，整个求学的过程，就是不断作出个人判断和选择的"训练"过程，并由此走出每个学生自己的个性化的建筑之路。在入校以后，从选课、选老师、选考察课题等方面，有各种信息和教师建议，但除了必修科目以外，学生可以根据个人倾向组合出自己的整个学习路线图——教育的目的也正在此，是培养拥有自己特色和个性设计方法的建筑师，而不仅是职场上的有用之才。从结果来看，当代法国建筑教育培养出来的建筑师和他们的作品，个性与独创性兼具，星光熠熠，但同时几乎都凸显出对社会生活和城市历史的关注和人文担当，例如新旧建筑的关系、建筑设计与现代哲学、城市发展与规划、现代技术与传统文化、艺术内涵与具象表达的关系……不一而足。

个人在法国这样的建筑教育氛围下完成了博士学习研究，兼有在不同建筑师或规划师事务所工作的经历，这种与在国内接受教育时的感受差异很强烈，来自方方面面，一言难以蔽之，但是有一个总体的体会，法式的"浪漫"有着扎实到位的技术基础。

学校里不那么急着教人如何进入职场。重方法论，培养敏感的观察力和洞察问题本质而需要的基本常识，授人以渔，教导学生的是理解社会和生活的能力和技巧，而不是停留在感性的表面。每个可能性都被鼓励，教学的过程在于不断引导学生探索建筑学的独特视角。这种开放的教学体系，对老师的要求其实很高，他必须有特长和相应的理论或实践的成就，方能在学校里立足，并吸引到学生的选择。

而对于西方建筑思潮和理论——这些我们还在照本宣科传授给学生的东

西，他们却在自省、批判和反思，并由此推动建筑思想的动态发展。对被膜拜地进行分析，如的柯布西耶，对库哈斯的反思；对建筑理论和思潮的发生背景的深度解读；还有对大师的"普通性"进行研究，对城市的万家窗户进行抽取呈现……这些在设计课的过程里很自然地发生，并激发学生形成自己的判断和观点。

二、以从业者之眼看中法建筑教育之差异

从业过程里，有各种感悟，一方面，在国内大学学就的技能的确有用，它教给一门匠人手艺；另一方面，在国外打开的思想，给了一个广阔的空间，能相对地（比别人）多了不同的维度去探索切入设计的路径，它给了学生一个开放、多元的思想体系。

从 2010 年回国至今，完成了从学生到职业建筑与城市设计师的转变。从近 2 年接触的设计项目特点来看，有一个趋势越来越明显，建筑不是作为单体项目被委托，而是在其之前附带有对城市定位、研究和设计的要求为前提。这是"建筑作为城市整体的组成部分"这个理念在委托者与设计方之间成为共识的一个进步，同时对建筑师的要求不再限于房屋的空间造型本身，而是更多考虑与城市发展相关的社会、文化、经济、技术方面如何落实到具体的设计上。这一切都要求我们不仅懂技术，而且拥有更大尺度理解一个社会和文化的综合素质。

都说建筑师是个老年职业，其成熟过程需要人生阅历的积累，对社会、历史、人文的深刻感悟和自觉。而如果要这种积累和感悟有效率而且丰富，教育应该一开始就授人以渔，教会一个人开阔视野和思路的方法。

（华南理工大学建筑设计研究院 建筑师）

注释

[1] 肖毅强，冯江：《华南理工大学建筑学院建筑教育与创作思想的形成与发展》，载《南方建筑》，2008（1），23 ~ 27 页。

自品 "建筑教育"

黄汇

虽不时地讲几节课，也承担过培养青年建筑师的工作，但从未全面研究过"建筑教育"，更没有资格议论"建筑教育"，这实在是个涉及面太宽、太深的问题，不敢面对。但是，我是建筑师，有责任关注未来的建筑队伍；我受过"建筑教育"，有经历可回味；我和青年建筑师在一个团队里共同拼搏，打团体赛，有对比的体会。因此，冒昧地自品自评，挑肥拣瘦，当一回"九斤老太"。

请不要忽略这几项基本功——夯实相关专业知识、和生产劳动相结合、悟读中国建筑之魂。

"相关专业课"曾是学生时代必须面对的最苦涩无奈的课，理论力学、材料力学、结构静力学、钢筋混凝土结构、钢结构、木结构、采暖、通风、给排水、输配电、测量、建筑材料、施工……每门课都是每周2节，还要考试。我曾对系主任发过牢骚，说法国的建筑系设在美术学院里，不学这些课多好。他说，你将来是设计房子的，你有责任做好设计，成为设计队伍中一道结实的"承重墙"，不夯实基础，荷载上去，一压就垮，那不行。这些课都是基础，必须学好！我服从了。每个学年末，拿着4分、5分（当时执行5分制）的记分册向他交卷。现在再品一品，他说得对。就是这些"基础"知识使我在工作后担任工程主持人和完成科研课题时，和各专业的工程人员有了共同语言和测尺，能合作成功。毕业时，这些课的教科书和笔记装箱的体积是0.2立方米，听说现在"精炼"成为薄薄的几本，够用吗？

"教育和生产劳动相结合"是我们上大学时最响亮的口号。6 年大学生活中，我在工地上干过推混凝土小车的力工、瓦工、抹灰工、油漆工、翻样工、助理工长。计算一下，∑每个学年在工地上劳动的时间 ≈ 1 年。房子是怎么盖起来的，心中有数。画施工图也是深入创作的过程，有滋有味。可是现在，要求青年建筑师创作一些新做法时，对可参照（抄）的资料的需求和众多茫然的眼神使我感到大家对施工实践的缺失。有幸的是，2010 年公布的《国家中长期教育改革和发展规划纲要（2010—2020）》中明确了"教育与生产劳动和社会实践相结合"的教育方针，"建筑教育"由此会走出象牙塔，攀登新高度。

"继承中国魂"的重要性在当前从中央到社会各界大声疾呼"保护历史文化传统"对峙"千城一面"的现实中不言自明。不少土生土长的中国建筑系学子可以滔滔不绝地一口气宣讲出世界上各种建筑流派中几十位洋名家的身世，却不知"七举""五举"指的是什么。该是传承"建筑国学"促"乡魂"前行的时候了。

认清"建筑师"这个职业的本质和责任，求真务实。这是"建筑教育"的重要内容。1955 年，每个学生入学后都被组织去看一部电影《工程师的摇篮》，看后有些飘飘然，"我们将来都是工程师，多了不起！"1 年后的暑假前，一位老师给我留的暑假作业是"回家后要主动认识两个比你家生活条件差的人家，把他们的需求和苦恼写下来"。我把门前巷子里和后门河浜扫街阿姨家的情况写了，得到了难得的夸奖。先生说，将来你要为各种不同的人做设计，要学会调查，要知道人家需要什么，烦什么，怕什么。不能自说自话，自以为是。不能张扬自己，要为用房子的人着想。不了解，就要去问。这件事注定了我一生的信念，自认为从事的是服务行业。深信"服务"是建筑师职业的本质和责任，不间断地调查研究是与时俱进、服务到位的基本手段，不间断地学习新理论和新技术是把设计做好的保证。我自认为，这就是当年"建筑教育"使我终身受益的"经典"。

（北京市建筑设计研究院有限公司 2A2 设计所 顾问总建筑师）

关于环节教育与建筑设计教学的思考

戴俭

可能是因为长期在大学从事教育工作，李沉主任约我写篇关于教育的文章，想了许久最终还是决定写一篇关于中微观方面的有关建筑设计教学的文章。这一方面是因为近 2 年我一直在主持学院这方面的教学改革，自认为实在是有必要讨论一下；另一方面也避免只是谈大的教育理念而显得过于空泛。

建筑设计在整个大学 5 年的教学中占了近 1/2 的课时，换句话说，这么多高分和怀抱梦想的青年才俊在大学期间将把他们宝贵青春的 1/2 投入到建筑设计课程中来，试问对于学生而言我们提供的教学方案准备好了吗？课程的定位准确、充分吗？能够满足学生们的诉求吗？虽然我们已经经历了 100 年的建筑教育，虽然我们已经培养出大批的毕业生，其中也不乏优秀者，虽然在建筑设计教学领域我们也已经进行了大量、广泛的探索，但是我们的教育，尤其是建筑设计的教学，还存在着一些迫切需要解决的始终存在的问题。在 5 年的建筑设计学习训练中我们应该给予些什么？怎么给予？而训练之后学生到底应该具备些什么？显然这是一个大课题，这篇文字只能算个开头，权作抛砖引玉吧。

一、存在的问题

（1）基本认识能力训练的不足。或许是由于艺术与技术结合的这一特殊属性，使得我们长久以来对待建筑设计成果的评价更倾向其艺术的理由，即常以形式好坏评价其优劣，进而在建筑设计课的教学中常常弥漫着一种艺术不可知论的影响。由此学生不仅易于形成对于建筑设计狭窄和片面的认识，同时易导致建筑设计教学更加重视学生的悟性和教师感性经验的传授，忽略其科学性、规律性方法的运用和学习。由于在教学过程中极少系统明确地引导和训练学生关注社会和自然，结果常常是到了大学4～5年级，能悟到真谛的学生寥寥无几，稍好的学生也仅仅是建筑造型的能力稍强一些，很难形成对社会、自然及建筑的正确认识。而大量原本很优秀的，有可能成才的学生则茫然走上了工作岗位。

显然如果建筑只与艺术相关，与社会无关、与自然无关、与技术无关，那么创新仅仅被缩小到形式的创新，这不仅违背了建筑的属性特征，我们相信也关闭了建筑设计创新的通道和灵感来源。建筑设计创新的狭隘化，将导致多数学生的潜力被这样的教育所扼杀，所谓意在笔先。建筑设计看似是手上的问题，其实根源上都是思想和认识的问题。对于基本认识的培养和训练方面我们显然是缺乏关注度的。

（2）逻辑思维与判断力训练的缺失。学生由于缺乏基本生活体验、思考的相关引导与训练，常常缺乏来自社会生活的基本思考能力和来自生存需求的基本判断力。事实上学生时代的建筑设计在某种意义上就是训练和培养学生在一种设定的前提下，对多重影响因素评价和考量后，给予有效合理解决方案的逻辑思维能力，思维逻辑的训练是设计成为可能的前提和基础，设计绝不仅仅是手上的功夫，它应该是正确思维和选择的结果。显然当前的教学中对此缺乏明确的训练过程。

（3）设计方法训练的缺乏。长久以来建筑设计教学常常表现为重类型，轻方法；重结果，轻过程。虽然这几年许多学校都已发现这个问题，但实施中改变不够彻底。比如题目要求是综合好还是分解好？还是先综合后分解？先分解后综合？是一步到位，还是层层递进？是以引导学生自主学习为主，还是教师主导的模式？我们需要深化探索。

二、环节教育——关于设计方法的思考

1. 建筑设计课的教学目标定位问题

这似乎是一个不用讨论或不言自明的问题，因为答案当然是教会学生做建筑设计，但事实上关于其内涵和内容却一定是众说纷纭的。如它是否仅仅是一门设计实践课？是否涉及认识论的学习实践？方法论学习的比重有多少？贝聿铭先生在谈到他由美国宾大建筑学院转学到哈佛大学建筑学院所受的建筑设计教育时，曾经说到"他之所以后来从宾大转到哈佛

的一个重要原因就是前者只教我模仿经典，后者才教我分析和如何设计，为什么这样设计"。这实际上正是古典建筑教育与现代建筑教育的本质区别。显然有关建筑设计教学的目标定位问题仍然是一个有待继续深入探讨的问题。建筑设计不仅课时量占据大学建筑学的近乎一半，更重要的是它是所有课程的集结点，本身具有方法训练和知识、原理实践的课程特点，具有不可替代性。建筑设计学习不应仅仅定位于设计技巧的学习，根源在于认识，在于思维逻辑的训练，它是一个综合的训练，因此它的功能是否应定位于以下三点。

其一，通过建筑设计训练过程，学生学习认识其身处的社会、自然及文化。换言之建筑设计首先应当是一种认识方法的学习和认识水平提升的训练与实践过程。

其二，建筑设计是一个基于问题思考与正确评判的逻辑思维培养和训练过程。即培养学生具有提出问题、分析问题、进行综合问题评判及作出正确选择的一种常态思维逻辑能力的训练过程。

其三，它是通过建筑设计实践，学习基本的设计方法、技能和手法的过程。包括环境（自然、人工环境）的认知，建筑形态、空间及技术应对方法的学习与训练过程。

2. 环节教育的具体意义和目的

我们的方案是将一个建筑设计形成过程中学生最需要关注、学习和训练的内容设定为五个环节，并纳入原有建筑设计的三个（草图）设计阶段。以往我们对三个阶段通常只是设定一个基本目标和要求，缺乏细化的引导学习和设计训练的要求。环节教育就是通过五个重点环节的设定，引导学生通过目标明确的调研、学习、分析与研究进行针对性的认识、认知训练，再经过逻辑分析评判确定和选择设计对象、功能内容、形态特征与形式风格、技术支持等，最终完成综合设计训练。

五个环节分别如下。

（1）主题与命题。要求学生在调研和相关案例研究的基础上明确设计主题的缘起，即主体的外延与内涵，明确使用主体（使用者），研究目前存在的问题，提出未来设计的目的，即设计者分析、研究、评估后决策的设计主题（本设计的命题）。在此环节，重点引导学生去思考建筑物及使用者对于社会与自然因素影响的认识，学习思考设计的基本定位，即回答这个建筑物设计的核心目的是什么。某种程度上有点像在作文写作上的立意和目标训练。如学生在设计幼儿园时会要求和引导他们去学习研究幼儿园的目的、起源和发展历程，研究幼儿心理、家长和幼教专家的研究成果，提高他们对社会的认识和研究社会的意识，结合发现的问题提出拟设计幼儿园的核心目的和立意（命题），如"光影童年""向日葵""万花筒"等；又如名称为"绿蜥蜴青年度假宾馆"，是以生态体验和保护作为该度假宾馆的主题的，而北京的"三里屯 Village"，即取城市里的乡村之意，其宾馆设计定位于都市中对乡村宁静、恬淡生活的向往和再现。此外如"桔"宾馆则定位于绿色、清新，为城市青年所喜爱等等。设计者可借此主题把握设计的整体，形成设计的特征和灵魂。

（2）功能与空间。通过实物调研和前人案例、研究的学习，引导学生认知使用主体的行为规律和空间应对的方法，总结存在的问题，评估后提出修正和创新的空间设计思路。

（3）环境与形体。学习环境分析的方法，明确提出的自然气候、地形地貌、人工、人文环境特点。通过实物调研和前人案例、研究的学习比对，提出建筑形体应对的方法。在此环节，重点培养学生对环境的关注、分析和评判方法，建立形体与环境影响的关联性认知能力，学习、积累和实践训练应对环境影响的设计方法。

（4）塑构与造型。通过案例比对和调研，学习、积累和训练建筑造型的方法和提升形体与形式的鉴赏力、创造力。

（5）建造与实体。通过案例比对和调研、学习，提出实体实现的技术方案，包括结构、构造、设备，以及满足法规要求的可行性探索。学习和实践技术知识和运用技术的方法。

建筑设计方法的设定与学习同时应坚持以下规律：

（1）设计方法的学习是一个分解综合、综合分解再综合的过程；

（2）设计方法的学习重在能够引导学生学会思考、学会自主学习；

（3）设计的学习是一个不断学习、不断积累，由量变到质变的过程；

教育的目的不应当仅仅是关注精英，更重要的应该是关注成材率——培养胜任社会工作和满足社会需要人的能力。以上是一点体会和探索，敬请批评指正。

（北京工业大学建筑与城市规划学院 院长）

有多少历史可以重来?

陈薇

"有多少历史可以重来? "这是我教、学建筑史考虑最多的问题。

历史从来不会重来,历史建筑重来就是袭旧了。在一个强调创新的时代、在一个建设大发展的国度,我们教、学建筑史如何作为是必须思考的问题。美国著名杂志《Architecture Education》曾经出过专辑讨论如何教学建筑史问题,许多著名专家参与过这场讨论,尤其是建筑史教学如何与设计教学结合,给过我许多启发,这大概是 20 年前的事情。2010 年 6 月,全国高等学校建筑学学科专业指导委员会和东南大学建筑学院合作主办的"全国建筑院校中外建筑史教学研讨会",也就此问题作过专项讨论,气氛热烈,观点不同,但只是一场很好的交流会。也许,如何教与学建筑史从来没有标准答案,也不需要唯一解。

不过,当代中国建筑教育的责任十分重大,初出茅庐的建筑师或者在校的研究生,都有可能和机会在广袤的中国土地上留下设计作品。因为中国当代犹如唐朝,政治和经济的成熟发展、文化和社会的多元变化,都催生需求巨大的中国建筑出炉。同时,市场经济的快速运转和重大事件的频繁发生,也在机制层面和策略层面,致使当代中国城镇发生巨变,如上海浦东的崛起、北京奥运会的举办等,直至"十八大"关于新型城镇化的提出。年轻建筑师将不仅要应对快速设计和工程绘图,更需要深刻思考和迅速成熟。此时,建筑历史教学的目的何为——传统的素养修为作用? 建筑不同类型的词汇语汇的历史发掘? 建筑创作的历史源泉? 建筑历史与理论的探索? 似乎都不能完全应对当代中国建筑的发展状况和教育需求,也抑或需要从更多侧面进行认识,但这个过程会比较漫长。

如何教学?

当代建筑教育需要大的历史观，当代社会也需要大的历史思维。

大的历史观是穿越历史看待问题的视野和态度。大的历史思维是看待历史上解决问题时的思维方式。

从现象讲，比如城市的边缘问题，历史和当代有相通的地方：在经济发展阶段，这个地段最容易发生变化，既脆弱又充满生机，既松散又类型复杂，是投资重点但要和城中心建立运转的网络系统绝非易事，因为人的构成和交通等等矛盾重重。如果我们教、学建筑史，将历史上的某一个或某几个城市边缘的历史发展、建筑变化、类型特点、社会格局、阶层定位等讲清楚，对于将要从事城市规划与设计、建筑设计与管理、景观设计和环境工程的人来说，都会有所助益。

再比如对于外来文化的问题，中国塔的形成和发展是一种态度和途径：吸收外来文化，但形制和形象不断中国化、功能扩大化，甚至脱离原初的宗教意义而景观标识化，生生不息地存留在中国的大地上。石窟的引进和变化是另一种途径：沿袭，造像由极乐而浪漫到结合国情展示慈悲而现实，却只留下艺术和遗迹，隐遁于人们的生活。而近代对于外来文化和技术的复杂和丰富，应对举措有成功、有失败，有选择、也有盲目。

有多少历史可以重来？当城市快速发展时，边缘问题重来了；当改革开放几十年后，对待不同文化和技术的选择问题重来了……大历史观和思维，不只是大唐盛世时魏征直谏太宗时说的"以史为镜，可以知兴替"，而是要见林还见木。

所以我们教、学建筑史时，相关考虑的第二个重点就是要关爱现实、关注生活。生活有多简约，我们的建筑就会多简约；问题有多复杂，我们的技术就需要多复杂；现实有什么样的文化，建筑就会出现什么样的建筑文化，等等，不一而足。这个道理非常简单，衣食住行从来就是一体的，如果非要将住的问题高于生活，或者将建筑隔离于现实，不是不好用就是太浪费，或者表里不一、口是心非。曾经我做一个科普讲座，讲完后我问听众有什么问题，有一位举手问我："为什么中国现代建筑没有像日本那样继承传统又有现代味道？"我回答说："那是你的问题。"他很生气，"这不是你们建筑师的问题么？怎么会是我的问题呢？"我说："你们坐在阶梯教室里，开着空调，喝着可乐听课，我设计这个房子为什么要是中国传统样子或味道呢？如果日本人回家都不脱鞋，都像你们一样高足而坐，没有传统的席地习惯，设计的房子为什么还要开低窗、装推拉门呢？所以有怎样的生活就有怎样的房子。"他很不乐意我撇开责任，但是还是点点头。是的，中国建筑设计的问题是全民的问题，没有传统的生活态度，当然不需要传统意味的建筑。

当然，传统的生活态度并不是落后的生活方式，那种或优雅或质朴的情致，是一种态度和活法，也是酿造中国优秀传统建筑的根本。如果我们要发扬光大，就不是简单建筑学科问题。另一方面，中国古代社会遭遇的问题，我们也在遭遇，比如建筑建造的控制管理问题，如何避免铺张浪费？宋代在王安石变法的社会背景下出台有宋《营造法式》，其编撰目的如该书李诫"劄子"（序）所言："关防功料，最为切要，内外皆合通行。"[1]确实，如何加强对于大型建筑的控制管理及落实在诸环节，也是在快速发展建筑时期需要重视的问题。宋《营造法式》不仅是一部关于建筑技术的专书，更是一部从设计到建造、从下料到功限、从等级到分工的纲举目张、井然严密的关于建筑管理制度的有约束效益的法规文本。

时代的变化和社会的发展，也日益需要不断发展的科学技术和理论来解决建筑相关的问题。在古代，可能运用风水理论慎选佳地建城、造景、盖房子，或用砖石建造高塔和大桥，以弥补木构建筑的不足和局限；在今天，可能需要跨学科合作来解决诸如生态等时代遭遇的困境，或由于材料和结构的研发可以建造过去未曾能想象的建筑。那么，建筑教与学的领域将不断拓展，建筑史中的技术具体内容显然不是重点，但是当时如何运用技术的选择和运作来进行发展和应对社会需求，其启示意义是深刻长远的。

有多少历史可以重来？从时间维度而言，历史不会重来，但从思维的跨越来说，历史一直重新来过。历史是一种思维方式。因为如此，我们教、学建筑和建筑史，史观、生活观和科学发展观是最为关键的，这是我想表达的，而相应的教学理念、内容和手段的进步也就应运而生。

《建筑创作》主编吩咐我写些教学经验和心得，以阐明教学对建筑创作的裨益，我的这些感想或许没有很强的应对性，却是我的真实教学状态：顺应社会的变化和需求去思考古代和今天的建筑事宜，调整着我的教学内容和焦点。此外，我始终将教、学作为互动的整体，研究着学生需要学习的，教授着我所能传授的，持续地做下去。

2013 年 7 月 12 日于南京

（东南大学建筑学院 教授）

注释

[1] 李明仲：《营造法式》序目 箚子 一页，陶本，1925 年。

现代建筑教育与现代建筑创作
——教育心理学与创作思维的矛盾

韩林飞

谈起我国现代建筑教育与现代建筑创作，作为一名一线的教师总有一些汗颜的感觉。一线的设计机构总反映现在学生设计能力普遍不足的问题，缺乏设计创新的问题，基本功欠缺的问题。反思这些问题，建筑学研究者一致地认为建筑教育与实践所需要的建筑创作有所脱节。

一、当前现代建筑教育与建筑创作中存在的问题

1. 建筑教育缺乏创新

现在，我国建筑院校基本上仍采用 20 世纪 50 年代的教学模式，建筑教学缺乏最基本的现代建筑基本功的训练，基础教学还是以传统的美术训练为主，素描、水彩等表面很"文艺"的课程占据许多课时，建筑设计训练仍采用类型式教学方法，即将建筑分成幼儿园、学校、剧院、体育场、住宅或其他的建筑类型来训练学生的设计能力。这种类型式教学方式以功能作为设计的出发点，简单化、模式化地训练学生的设计能力，但实际上建筑类型是多种多样的，这样的训练使学生难以适应工作中出现的各种新类型建筑设计创作的挑战。

2. 建筑教育与实践脱节

当前，我国建筑院校中的许多设计教师缺乏一线实践经验，指导学生设计缺乏实践的针对性，他们仅沉迷于当前一些浮躁的建筑理论，无法从技术层面解决建筑设计的实质问题。

虽然每个学生都有近 1 年的设计院实习的教学环节，但设计院只将学生

作为设计生产环节低端层面的加工者、小工，甚至是计算机操作者，他们打打杂、描描图、做做渲染，很少有从头至尾项目的跟进，断断续续，不成系统，失去了实习的意义，最后设计院给学生一些以前的施工图交回学校滥竽充数，完全违背了实践环节教学训练的初衷。这种现象随着设计院生产任务的加大，愈发严重。

3. 建筑师职业素质培养的缺乏

建筑师职业涉及工程技术、人文艺术等学科，是工程与艺术的统一体。建筑师严谨认真、精益求精、仔细实干的基本素质是完成设计创作的基本保障，然而，这些点点滴滴的基本职业素质的培养却缺失于建筑教育之外。如何在院校教育中培养训练学生的职业素质，如何使学生们认识到严谨认知、精益求精、仔细实干的重要性并为之努力，应在建筑教育中有所体现。也许，当今浮躁的社会环境，急功近利的建筑设计大气候无法成全学生的职业素质。

二、针对我国现代建筑教育问题的分析

1. 类型式教学方法背离了创作思维的根本

建筑创作如同音乐作曲和文学写作一样，是将这些艺术门类中的组成要素进行提炼、艺术加工、有机组织，形成具有鲜明个性和独到内涵的思维演绎过程。相比于其他艺术门类，建筑创作更加复杂，空间尺度最大，技术工程元素组成最多。因此，对这些相关元素组织构成的能力要求更高。所有艺术门类的创作都是相通的，具有类似的关联性，它们的教育心理学的基础也是一致的，比如文学作品的创作。文学作品创作的基础是元素的归纳、类比、积累，在系统中组合元素，在组合中形成个性经验。老师先将字、词、句及其意义按照分元素教育的原则归纳总结给学生积累；当学生关于基本元素的知识积累到一定程度时，老师利用教育心理学系统教学的方法引入段落的概念，形成学生系统段落的认知及组织能力；当学生段落组织能力初步具备时，老师利用类型学教育心理学的概念，输入给学生不同类型文体的认识，例如记叙文、议论文、说明文；这种类型学文体知识及其段落组织思维建立之后，老师教授学生将基本元素字词句、段落组织、文体构成等知识按类型学和教育心理学的方法形成不同类型的文章。这种系统的构成元素、元素组合、作品形成格式的教

学方法普遍适用于创作性艺术思维。

但类比我国现代建筑教育，不难发现，各个院校的设计教学普遍缺乏建筑元素、空间分类、材料元素、技术元素、节点等分元素训练的基础，缺乏建筑创作分元素系统组织建立的教学训练。大多数院校侧重于建筑类型学的设计教育，缺乏建筑设计组成元素及其组织构成、系统建立等基础环节，这造成了现代建筑教育心理学与创作思维的矛盾，学生在类型教学训练中缺乏组织基础、系统构成，无法构建出具有一定个性风格及创作意识的建筑作品。这种缺乏建筑构成元素基础的类型学设计训练体系导致了教育与创作实践的脱节，学生难以适应在实际工作中的建筑创作思维。

2. 建筑教育与实践脱节，各行其是、交融困难

当前各高校解决教学与实践联系的教学环节的普遍手段是派遣学生到设计院进行 4 ~ 6 个月的实习。施工图实习环节是教学时间最长、学生在校外自我管理的一段时间，但由于设计院侧重于生产任务，没有义务形成完整的教学体系用于训练学生，所以学生只能靠自学和自我悟性体验设计单位实践的设计创作。所谓施工图实习，学生仅仅参与一些细节详图的绘制，基本上无法参与一个项目施工图设计的全部或大部分过程，仅仅形成片面的一些设计细节经验。此外，学校教师缺乏设计实践，大多数人没有工程设计项目的工作积累，在指导学生实践方面经验不足，这也是造成教学与实践脱节的一个重要原因。

3. 教育体制及理念的偏差造成学生职业精神的不足

由于我国教育体制的问题，学生普遍重视考试，侧重于理论知识的学习，忽视实践技能和创新精神能力的培养，开拓意识不足，这是一个普遍的教育问题。在建筑学专业这一动力能力要求极高、开拓创新思维至上的专业里，普遍教育体制的矛盾与问题使建筑学专业学生无法适应设计市场的需求，部分社会价值观念偏颇使学生无法沉静在设计创作的痛苦探索中。但市场需要合格的人才，企业却找不到合格人才，建筑市场的火爆促使部分毕业不久的学生频繁跳槽。据不完全统计，建筑设计专业学生换工作的频率为不足 2 年。这些现象均造成了设计市场人才的极大不足，也造成了人才就业后教育的非连续性、非持久性。这对实践和从业人员来说是两败俱伤的。

三、关于我国现代建筑教育出路的思考

1. 适应创作心理学需求，重视基础教学

目前，我国许多高校的建筑学基础教学仍把美术作为一门主要课程，素描速写、水彩等课程占据 96～112 个学时。不可否认，传统的美术教学对于培养学生基本的创作美学素质和基本的手头表达功夫具有一定的帮助，但现代建筑创作却是空间造型的艺术、建筑材料与技术的综合表达，具有很强的空间抽象思维特征，而传统的美术教学则以写实为主，仅仅是一种写实技法的训练，与现代建筑创作的本质具有完全不同的异质性。二者对学生创作思维训练的方向完全不同。

国外许多高校，包括现代建筑最初起源的德国包豪斯（Bauhaus）和苏联的呼捷玛斯（Bxytemac）直至今天仍非常重视建筑设计基础的教学。现在，在德国德绍包豪斯学校和德国魏玛包豪斯大学里，一、二年级的教学内容仍以建筑基础教学为主，而非直接进入建筑设计。在原苏联呼捷玛斯（Bxytemac）的继承者莫斯科建筑学院里，一、二年级的教学内容完全是建筑基础教学，其系统非常完善，以建筑形态、建筑空间和建筑色彩为主要教学内容，具体包括建筑形态的元素分类、归纳、演绎和自我创造，建筑空间的形态、空间的尺度和空间的构成，建筑色彩、材料色彩、材料色彩的空间表达等三大块训练；从三年级开始，学生开始进行小型建筑的设计，例如消防站和社区服务中心等；三、四年级的建筑设计教学重点强调对一、二年级所学的建筑基础知识的集成和组织。这样的基础教学完全符合建筑创作的思维，符合建筑创作教学心理学的需求。

因此，在我国建筑学基础教育中应突出与建筑形态、空间、色彩相关元素式训练及个性培养，传统美术教学应向造型方向转化，突出建筑设计创作的基础需要。

2. 建筑设计实践应突出设计的创造性需求，适应市场技术的需求

在现代化的今天，实践环节对建筑创作的创新提出了较高的要求，它关注的是建筑形态美学、建筑空间舒适度、建筑色彩体验的个性化创新，但在我国建筑院校的建筑教学中却缺乏对实际市场需求的针对性训练，缺乏对形式与技术综合集成的训练，缺乏对设计高品质高完成度的训练。因此，学生初进设计单位时较为迷茫，无从下手，这是建筑教育与设计

实践脱节的最好例证。

为了解决这些问题，我国许多学校采取了很多教学改革措施，比如说，邀请实践经验丰富的建筑师执教设计课，邀请职业建筑师评图，以及职业建筑师导师制等。这些教学改革措施取得了一些成效，但学校内教师的实践能力、学生在实践单位实习等环节还应进一步提高。

3. 理论与实践训练的比例应进一步调整

当前，我国建筑院校普遍注重学生理论素质的训练，教学时数高达35%，甚至更高，真正的设计实践训练只占25%～30%，而国外院校理论课程的教学时数仅占不到20%的比例，设计实践训练高达45%。国外院校注重设计的实践需求，任课教师普遍是经验丰富的职业建筑师，这种以实践为主的教学课时分配效果明显。因此，在教学计划的调整中理论与实践课程的比例侧重应强调以实践为主。

以上仅对我国建筑教育与建筑实践的一些问题进行了浅要分析。只有建筑教育适应建筑设计实践的需求，以教育心理学基本原则作为培养学生建筑设计创新能力的准则，加强实践训练与教学的有机结合相互促进，将教育与实践统一融合，才能使培养具有创新精神的建筑人才真正落在实处，真正体现建筑设计基本能力培养的教学思想。

（北京交通大学建筑与艺术学院 学术委员会主任）

建筑教育随想

赵利国

建筑教育多偏指向学校领域。今天在下大道理说不出来，只能讲几则小故事与各位分享，如有越矩的地方请见谅。

我的课是建筑设计。出好题由助教发给学生做，两个月为期限。跟平常大学一样，学生到了时间就将设计正图钉挂在墙上。我自己也依同样题做个设计，出几张手绘正经八百地也钉挂在墙面上，只不过是排在最后一个而已。我的设计和诸同学的设计为什么有相别之处？其相异在于"精"字。我的设计是"好，有理"。我敢向学生挑战，让他们公平自我评分，他们因相比之下评分自然学到了东西。为什么叫我"老师"，这就是学生"服气"的因素。

以下是国际物理大师杨振宁教授于 1968 年在美加州斯坦福大学教过我的道理。

我问："杨教授，请问您教学是否像中国功夫一样，大都会留一手？"

他答："不会。因为我教了你，你需要时间去思考、分析而结论。这一段时日我本身又往前迈了一步。双方都在呼应中进步，这才是道理。"

我将它发挥、致用在建筑上，成了我的一生行规：去挑战。

（1）"立场与态度"。学生（像建筑师方）面对老师（像业主方）是一对一的格局。设计时间有限。在起步阶段若老师不严格要求掌控作业进度，教导学生如何控制时间（时段、进程、步序、收尾等等）。学生临了要交正式图时，设计还在不定数，还在改设计之中，是否就得不睡觉"开夜车"？养成了"开夜车"就是坏习惯。将来做建筑师，有两个以上不同案子同时发生，你不再是一对一，而是一对好几个业主，怎么办？又如何面对？

若管理自控有度，反过来就是好习惯，就可以不"开夜车"，不必熬夜，你说呢？

（2）评图：老师平时与学生一块周期性讨论问题。临了，请数位外来评图嘉宾正式评图。场面是学生处在受评位置，授课老师却站在嘉宾方轰学生，老师根本就应站在辩护律师方，否则过去两个月老师与学生的指导性关系何在？这是双方自信的养成。

（3）工程成本：主人请客要和女主人先商量饭局的意义和内容，再谈预算是多少，后谈花多少钱。工程也是一样。依同建筑师根据甲方的要求内容，必须有预算，这是理所当然的心理准备。
在学生时代，老师不给工程成本思维训练，先设计，成吗？

学生立场：
　　①"老师说的全是对的？"—"不一定！"
　　②学生理应多问："Why？ & Why not？"

老师立场：
　　①"Total of scope"总体理念的掌控教导，我们有吗？
　　②"教授学生不仅在于技术性而言，它包含其他领域的实际、实质的存在性"。不是光"设计！设计！"
　　③追求智慧。

（天津大学客座教授）

文化重庆·建筑特色
——重庆市设计院

编者按：文化重庆·建筑特色专家座谈会 2013 年 3 月 2 日在重庆召开。来自城市规划、建筑设计、文物保护、城市开发、文化发展等方面的专家、学者，围绕城市文化和城市建设的关系、如何看待重庆地方特色在城市现代化建设中的作用、如何思考文化复兴对未来城市发展所产生的影响等问题展开了讨论。本次座谈会从重庆已形成的"文化重庆"建设实践出发，旨在提升"文化重庆"建设的理论自觉，通过研讨并总结重庆城市特色设计的理论与方法，为传播重庆建筑文化特色，宣传重庆城市设计服务。（以下刊登与会专家发言。以发言先后为序。）

张宇：当今中国的城市到底应该如何发展才能显示自己的特色？千城一面，建筑没有特色，这些其实是共性的问题。现在我们研究复兴城市，包括我们今天讨论的文化重庆也好，建筑特色也好，都是在探寻当下如何从根本上解决城市发展的问题。对于这个问题，我觉得首先要解答如何构造城市文化。

我觉得一个城市主题文化应该是其最主要的竞争手段，将它定位、构建完善以后，应该具有充分的不可模仿力和不可复制性。这样一个大的概念，不光是建筑界的事，更应该包括文化界，包括上层建筑，是方方面面的事情，需要全民的思想意识水平提升到一个新的高度和认识上，才能够做到。

当今快速的城市化发展中，城市时刻面临着地域特色的衰竭，包括北京、杭州这样有特点的城市都存在着这样的危险。虽然北京早就提出"夺回古都风貌"口号，结果却把所有的房子都盖成了亭子；后来安德鲁来凑了热闹，又有人觉得历史应该作为一个片段而不是整体存在，于是就把

李秉奇　　金磊　　张宇　　何智亚　　周荣蜀　　吴涛

历华　　徐千里　　赵万民　　卢峰　　龙彬　　姜汤

尹国均　　屈培青　　殷力欣　　季富政　　莫怀戚　　王川平

熊笃　　许玉明　　胡剑　　蓝勇　　舒莺　　李沉

历史割裂开来，采取对比的视角，极度挑战了古建筑风貌的生存环境。包括 CCTV 这种巨构式建筑的出现，大家也一直在探讨建筑跟城市的新生存关系究竟如何，这种争论也带来大量老百姓对于所谓标志性建筑越来越高的关注度，也使得这个词汇迅速火了起来。现在各个城市包括各个区县、甚至各个乡镇，都在强调要修建自己的地标性建筑，但建筑与环境、建筑与城市地域特色之间的关系却被忽略。原本我们的建筑应该是对环境友好的，是反映人文精神的，是延续文化脉络的，是具有文化特色的，可现状并非如此。我觉得当下建筑乱象的缘由，就是来自于人们把城市的美等同于艺术创作的美。

随着城镇化进程日益推进，有反对者就讥讽说这是"毁完了城市毁农村"。也正是在这种时候，我们更应该强调城市的美到底应该体现在哪里。应该说城市层面的美是一种整体和谐的美，比如欧洲有历史的古城或者国家，它讲究一种蜗牛式的发展，发展不能图快而要循序渐进，否则肯定会对城市带来一些负面的影响。所以我们的城市应该强调发展的连续性和秩序性，尤其是在现在经济高速增长大潮中，这种渐进的尺度很难把握。加之西方对我们的文化侵入，我们的思想层面，或者哲学层面，或者建筑理论，其实都处于一种摇摆状态，这直接导致了我们在建筑实践中出现一种盲目的乱象，直接影响到我们正确地贯彻地域城市特色的实现过程。

在库哈斯对于中国城市，尤其是长江、珠三角城市的研究当中，他认为咱们的城市是"四无"的：无个性、无中心、无历史、无规划。如果永远按照这个方向发展下去，我觉得城镇化进程的结果可能会是可悲的。也就是说我们在迅速发展城镇化建设的同时，其实并没有找到城市建设的方向。

程泰宁先生说过，对于现代建筑来说，应该通过我们的设计策略来更深层次地表达中国的文化精神。这种表达应该是在全球化语境下的，动态地对传统进行解读，这需要不断地挖掘，不断地提炼和升华。换言之，就是现代文化的特色来自于中华文化精神深层次的表达。我们应当运用适当的形式语言，来集中表达一种经过全球化、现代化洗礼中的中国文化。我觉得我们建筑界、文化界一直在探求什么叫中国文化精神，这一点至少值得我们建筑师去思考。我觉得，今天我和与会的专家通过这种交流碰撞的方式集思广益，或许能够探寻出一种建筑与城市发展的新的深层规律。

（全国工程勘察设计大师 北京市建筑设计研究院有限公司 副董事长）

金磊：重庆市设计院为重庆的建设做了很多工作，北京市建筑设计研究院老一辈建筑师张家德先生设计了重庆大礼堂，国内许多建筑师在这里留下了著名的作品，为重庆城市建筑发展作出了重要贡献。

我觉得议论建筑是一个问题，把建筑作为一个文化理解又是另外一个问题。应该说在那个年代，我们很少看到有更多的雷同的建筑，那时候有风格、有形式，但是没有雷同的东西。但是今天我们看，全中国大中城市的高架桥把城市变成了一个样子；而库哈斯给北京带来的东西，除了有振奋的一面，也有把北京扭曲的一面。探讨关于城市设计的个性问题，当然它是一个旧话题，但是它是特别迫切的问题。无论是十七大还是十八大，一再提到文化中国的问题。大家都在谈城市文化，很少有人从它的另外一面去理解，一个城市为什么有文化，它的根基在哪里，它的缘由是不是还有更深的东西。大英帝国也曾经走向衰败，但是伦敦现在振兴了。我们不要只看到英镑的贬值，还要看到整个欧洲的振兴，是被放在文化对一个城市振兴的打造上。2003 年伦敦市政府就提出，伦敦要想振兴，必须再多做 20 年的规划，就是关于文化伦敦的重构。这里我带来了故宫博物院院长单霁翔的一本书，叫作《从"功能城市"走向"文化城市"》，我觉得可能与在座的学者著作一样，这仅仅是一本书，但是我觉得这就像是一种理论，它是一种方法，我很欣赏这样一种概念，我们试着去探讨关于文化重庆的概念。

我们想通过这样一个概念的解读和研究，进一步探讨重庆的建筑特色，探讨重庆在历史各个阶段，包括现当代在建筑设计方面所走过的足迹。在座的有这么多的专家，有这么多的领导，应该说对这方面是有体会的。利用休息日大家聚在一起，为一个城市总结文化建设的思路，这是一个非常令人敬佩的事情。

（中国文物学会传统建筑园林委员会副会长 《中国建筑文化遗产》杂志社总编辑）

何智亚：说到重庆的建筑特色，有两个实例就能说明重庆建筑特色的发展方向。一个是我们与重庆市设计院合作的中国民主党派档案馆，另外我们又合作了渝富大厦，也得到了社会的极好评价。我们前年完成的中山四路以前不是这样的，大家可以看看老照片和新照片的对比，800 米长的中山四路，基本上可以代表民国时期的建筑文化符号，这是非常典型的。中山四路的建筑，在全国都算是拿得出来的，是可以彰显地方建筑文化特色的一条街。包括湖广会馆的修复，包括十几个历史文化名城项目的规划和设计或其他一些项目。

我举这个例子，说明重庆的建筑风格是一种多样化的建筑风格，坦率地说前两三年，有关管理部门在建筑风格的把握上出了一点偏差，就是全城都在搞小青瓦、坡屋顶、一片灰，对这个我是持反对意见的。一个城市不要搞成一个模式，特别是重庆这个城市。既不是上海，也不是广州，更不是北京，重庆是一个极其典型的移民城市。这几年因为工作的关系，看到很多很多的地方志，很多很多的家谱。从所有的家谱中找不到一本是说他的祖先就在重庆，100% 的家谱都说他的祖先来自江西、来自湖北、来自陕西等等这些地方，所谓土生土长的重庆人也不是土生土长的。移民城市的特点就是包容、开放、不排外，包括在建筑形式上也是如此；重庆又是一个开放城市，打从开埠以后受到外国传教士的影响，这其中也包括建筑方面的影响。

大规模移民的因素，加上对外开埠的因素，就形成了重庆建筑的基本体系，这个基本体系不是单一的，可以用"兼容并蓄，广纳百川，因地制宜，灵活多变"这十六个字来形容；为什么说他兼容并蓄，海纳百川，就是刚才说的这么一个道理。重庆是一个移民城市，最近200年间，有两次大规模的湖广填四川活动：一次是明朝，再一次是清朝。

再一个就是刚才说的对外开放。重庆对外开放之后，英国先来，然后德国、日本、美国、法国、俄国等都来了。那个时期的建筑是很多样的，可惜仅几十年工夫，这其中95%的东西都被毁掉了。还好有的建筑符号传承了下来。我们的市委办公楼就非常典型，既有西洋的风格，也有我们自身的风格，还有20世纪50年代苏联的风格，都在里面体现得非常明显。

另外一个问题就是重庆因地制宜、灵活多变的建筑特色。重庆是一个山地城市，95%的山地，5%的相对平地，这种山地城市的建筑形式必须根据地形、地貌、天气和空气湿度等的不同而发生变化。还有一个是建筑材料，要就地取材。所以任何形式的建筑到重庆之后，都必须因地制宜，灵活多变，因此重庆产生了各种丰富的建筑形态。我觉得，研究我们重庆的建筑文化，一定不能拘泥于传统民居，仅仅是坡屋顶、一片灰、小青瓦就完了，实际上不是这样的，应该说重庆的建筑丰富多彩。

这么多年来，我们也一直在努力，为重庆市的建筑风貌、建筑特色，包括历史文化名城，历史街区，传统建筑，文物建筑的保护、规划、设计、修复、修缮等做了大量的工作，也出了很多成果。包括刚才举了很多例子，比如湖广会馆，都是很成功的。过去我们重庆说"老三篇"，就是我们的丰都鬼城、渣滓洞、白公馆，但不能完全代表重庆的历史，也不能完全代表重庆的历史建筑。这些年，我们一直致力于恢复重庆的历史建筑，今天我们开会的这个地方戴笠公馆，以前定的是要拆掉，后来文物局发现了这个问题，要求把它保下来。当时保下来是有抵触的，开发商抵触，第三集团抵触，市里领导也不赞同，但还是把它保下来了。然后就是中英联络处，也就是真元堂，定的是要拆掉，后来我们去做工作，把它保下来了，并给建筑挂了牌子。

我们希望保留这些建筑，体现我们建筑的特色；这里面有西式的，有中西合璧的，有我们的地方的，有带移民风格的各种建筑，有很多这样的符号留下来。整个城市要是像伦敦是不可能的，可我们会尽可能多地保留历史，让符号形式的东西逐步增多。

归结起来，我们有四个方面：第一是领导越来越重视，这个特别重要。第二是社会对于城市的重视，社会的重视，包括社会的公民，社会舆论，这些年来，对于建筑文化、历史文化，舆论越来越重视，而且声音越来越强大，作用也越来越大。第三是我们的规划水平和建筑设计水平明显提高。第四是财政资金的增长和社会资金的增长，这一点非常重要。因为现在有能力办这个事情。湖广会馆在 20 世纪 80 年代要修复，花费上千万觉得不可思议，后来终于在 2000 年我们把它修复了，花费 1.5 个亿。我相信以上四个方面的提升发展，在今后我们这个城市文化品位的提升和建筑特色发展中，能得到进一步的体现。

（原重庆市人民政府副秘书长 重庆市历史文化名城保护专家委员会主任委员）

吴涛：重庆是第二批国务院公布的国家历史文化名城，国务院从这个角度，就是对重庆丰厚的历史文化做了肯定。但是近几年来，城市文化和建筑文化有逐步退去的现象。因此从这个角度来说，我们更应该把重庆建筑文化的脉络重新梳理一下，使它成为建筑创作空间中的一个理念和契机。

重庆有 3000 年的历史，800 年的建城史，三建国都，六次移民。公元 11 世纪的时候，这里还是巴国的核心；元末的时候，明裕宗大夏国建都重庆；而后的抗战时期，重庆被作为永久陪都，抗战首都。这三个时期，就是三建国都的重要时期。刚才讲到六次移民，最早的巴人渡江是第一次移民，第二次是秦举万家移巴蜀，再到后来江西填湖广、湖广填四川，这些不同地域的人汇集到重庆，就给重庆的建筑文化带来一个很大的发展期。

20 世纪波澜壮阔的历史进程是重庆城市建筑风格和城市建设风格的一个大发展时期；在这个时期，重庆经历了开埠、民国、抗战时期、新中国的恢复时期和改革开放这几大时期的城市建设和风格百花齐放的时期。这样看来，重庆的建筑风格在历史上是极其丰富的。2008 年国务院发展研究中心出了一本《2008 中国文化遗产蓝皮书》，在这个里面，对全国的建筑文化遗产和其他的文化遗产做了一个分析，书中分析认为，重庆的文化遗产，特别是建筑文化遗产的质量和数量都是相当高的。由于河南河北的古建筑虽然持续时间很长，但是形制单一，而重庆经历了近代、抗战、二战几个时期，建筑的门类越发齐全，使馆建筑、军事建筑、行政建筑、教育建筑、医疗建筑、交通建筑等都很多。后来通过 2007 年的全国第三次文物普查，重庆共发现 25908 处新的文化遗产，在这些建筑文化遗产里面，发现了很多之前没研究过的建筑特色，这其中有工业遗产建筑、乡土建筑、交通建筑，还包括一些有纪念性的、标志性的，如解放碑这类由当时大师设计的建筑。民国和抗战时期的建筑大师给我们留下了一笔丰厚的建筑遗产。加上重庆原有的建筑遗产，从历史文脉的延续上看我们还是有底气的。

尽管我们在建筑、文脉和建筑史学的研究上，对现、当代的建筑也有所涉及，但毕竟开发商从完成生产指标的角度出发，要实现建筑容积率和效益，所以也没有更多深层次的研究，这造成了一些城市文化上的遗憾。为了重庆历史文脉的延续，我们对重庆的建筑史进行梳理和研究，对于我们下一个阶段建筑文化上的创新和发展，我觉得是很有必要的。

从思想角度来说，重庆的建筑在地域分布上我们把它叫巴渝建筑。这不仅仅包括古代，也包括近代和现代的发展历程。对于这些建筑作为一个整体，我归纳为十六个字：多元融合、兼收并蓄、崇尚自然、经适致用。这就是说我们的建筑不能只采用一种风格来代表，六次移民给重庆带来很多包括徽派、广东的建筑和形式，也包括近代自从开埠以来，外来文化带来的很多建筑形式的变异；包括建筑大师齐聚这里带来的 30 年代的折中主义、殖民主义建筑形式、复古建筑、巴洛克建筑、洛可可和艾奥尼克柱式变异等等风格。在重庆包括乡镇的建筑都有很多近代形式的创新和发展，也包括还有一些西班牙走廊，现在我们的一些使馆廊道，还有北欧尖顶形式的，还有西欧花园、文艺复兴的建筑形式，都在重庆土地上相继出现。所以这个地方应该说是特色丰富、突出，具有历史、科技、景观的艺术价值。

刚才我提到的巴渝建筑文化的风格，就是要根据重庆历史名城的地域分布，也就是山形地势的变化来具体区别。这其中从特色科技到我们历史名城保护建设问题，名城、名镇、名村、历史街区和一些特定的历史地带，以及它的地形情况，要分不同的城市，进行不同的建筑文化发展、创新与传承。对于这个情况，我们规划局、建委、文物局也请过一些专家来参加我们的讨论，研究如何体现重庆的建筑特色。我们认为要根据重庆的个性，这个个性就是要从重庆的建筑文化，从最早的巢居、穴居、杆栏，到穿斗、抬梁、砖木、砖混，再到钢混和框架这样一个建筑文化的发展。实际上这个变化也需要顺应地形、地势的发展，突破一些呆板的建筑形式，使之适应重庆的地理地貌。

深入研究这里每一个地区的建筑之后就发现，这里每个地区之间的建筑也不同。比如峡江地区就是大山大水，而在西部地区则是浅丘。我们应该根据城市空间的特色，进行建筑的再创造，从而突出我们的建筑城市文化。

有一点我还觉得很重要，就是我们的个性建筑、城市建筑上面，还要根据我们的史源、地源、文源这三个方面进行研究，才能够深入地创造我们更加显赫、更加丰富的巴渝建筑文化和城市个性。总之一句话，重庆给我们建筑大师提供一个非常宏大的创造空间和建筑素材。所以今天这个会，对我们重庆历史文化名城的传承、发展，城市建筑的特性会提供更加丰富的创作和思考的空间。

（重庆市文物局副总工程师 历史学者）

厉华：我先给大家讲个故事：抗战之后，举国欢庆，都说要留下一个建筑作为纪念，于是国民党就组织人在重庆搞设计。当时全国的建筑师，还有6个外国人都参加了设计工作并出了很多成果，可是最后的决定没有人来主持。这就跟现在一样，就好像当时我们重庆大剧院也是很多方案，三峡博物馆也是很多方案，最后只好让市委书记和市长来拍板。蒋介石当时也被下面的人请来定方案，蒋介石就说：这个我不去定，建筑方面的事我不懂。可是专家们争执不下，最后必须让蒋介石来定，于是几十个方案拿到他面前，他也只有看。蒋介石看着各种样式的建筑，就一个一个询问。当他看到一个很奇怪的形状，就问这个是什么意思，周围人都不敢说话。王世杰就在旁边告诉他，这个是当时徐总设计的，他设计的意思就是男人的生殖器，象征着永远要雄起。蒋介石一听，觉得"雄起"这两个字好，他认为雄起在当时的中华民族很有时代意义和现实意义，于是就定了这个建筑。

这个故事听起来很滑稽，但应该引起我们的思考，我们现在的建筑学家和建筑师们，要能够走出官场和皇权的阴影；如果没有走出，就不可能作出传世之作。

改革开放30多年中，中国什么都发展了，但就是名人少了。我的叔父、父亲他们那一代人中的设计师，直至今日都在世界上有知名度，当提起他们的时候，都可以获得尊敬，而现在中国又有几个人能够超过他们？所以说好的建筑物绝对不是官场捧出来的，好的建筑物绝不是最高领导提名提出来的。我们讨论城市的文化，其实这里面有个很大的怪圈，那就是真理是掌握在最有权力的人手上的，而不是掌握在设计大师的手上的，最终的评判总要由某一个领导来说了算，就这样大家才不去争论。

对于今天的主题，我作为一个局外人有两点看法：第一个就是我们谈"文化重庆"也好、"文化中国"也好，一定要树立两个字，"讲究"。我认为我们现在很多搞建筑的，包括搞建筑史学研究的，都不够讲究，太过随意，太喜欢迎合别人，随意迎合之后就不可能有个性。如果我们做建筑的人不讲究，最后形成的作品就不会富有价值。分开来解释，"讲"就是讲历史的积淀，历史并不是什么都要保存，积淀下来的精华要保存，不能够沉淀下来的就是过往云烟。所以说这个积淀靠我们去寻找，也靠文学家、历史学家不停地去寻找。就像我的工作一样，我不搞创作，而是整理史料，什么是真的，什么是假的，需要我们去判断，这是我们的责任问题。"究"则是说要究出个性，究出自己的一种语言。

第二个谈谈关于文化符号的问题。文化符号在一定程度上是一种记忆。其实我对文化的理解就是三个概念：第一信息要集中，没有信息集中的东西没法称之为文化。重庆打了很多文化牌，包括巴渝文化，为什么没有大的效果，这里面最后有什么代表作，有什么支撑它的东西，没有。皆因信息不够集中，或者是大量信息上没有标志性的东西。第二方式要独特，所谓方式就比如我们看房子，这个就是中国的，那个就是哥特的，再一看那个是非洲的。这个方式一定要明确，否则是不能叫文化的。第三就要求它能够被复制和传播。所以文化这两个特点，不管在任何地方都具有参照性座右铭的关系。

我们谈到文化重庆，全国很多人都想谈文化重庆，其实我想，真正的文化要源于人，不在于其他的任何东西。文化中最核心的东西应该是人，离开了人文化就没有用处，比如我们重庆的川剧，我敢说很多重庆人近5年都没有看过。但是有一个著名的演员，你们就能知道现在的川剧发展得怎么样。文化是跟着人走的，有一个挑头的人就有这个文化，没有人就没这个文化。这也就是西方所说的名人效应，这是一个没法改变的意识形态。我认为应该在全国范围，打造一些建筑名人，这个建筑名人的打造，不是说让他做几个作品，不是说让他设计几个东西，而是需要有群体的力量来维护他。如果没有若干的绿叶甘愿去扶持一朵荷花，那这个景色就变成一个泥塘。所以这就真的需要人的整体素质的提升了。

我参加工作这么多年工作单位也没变过，一直都是博物馆的馆长，从一个小馆做到现在的规模，一点一点发展。如果要我说成功的方法，那就是对于史料的开发，尤其是掌握第一手史料。28年前我当馆长的时候我们的文物只有14000件，而到现在我有十万件，这些就是我们研究的最原始的资料。所以我想对于城市的文化积淀、文化脉络，对个人创作的个性，以及敢于反对皇权官场的坚持，是好作品诞生的基础。

（重庆市红岩联线文化发展管理中心主任 知名文化学者）

徐千里：我们这次座谈会的出发点应该说是我们大家都深感城市的特色丧失了，大家就想如何去解决，于是大家都想到建筑文化，怎么样去彰显城市文化，我觉得这个思路也很自然。对于这个问题，每个人都有自己的看法，我认为咱们今天这个会的名字叫文化与建筑，虽然好多年都这么开，规模也很大，但是我却建议把这个"与"字去掉。因为加了这个字就感觉文化和建筑是两码事。可实际上建筑就是文化，这是一码事。我还记得陈志华先生曾说过一句不受重视的话，可我却奉为真理。他当时说，很多人以为大屋顶是文化，方盒子就不是文化；博物馆、歌剧院是文化，垃圾站、仓库、厕所就不是文化。我觉得陈志华先生虽然例子举得比较极端，但是他是想表达，建筑本身就是一种文化现象，无论是什么屋顶，或是什么功用，它本身就是某一种文化的本体。

有人提到文化是人的文化，但是我认为文化确切的定义应该是价值观，文化和人是紧密联系在一起的，因为价值观一定是人的，是主观的东西，而不是纯客观的东西。

刚才我翻开《建筑评论》，看到我的同学韩冬青写的一篇文章，他讲到，大家都特别在意风格，但是风格这个词是当前建筑创作中非常有害的概念。大家都喜欢谈风格，而且这个词很容易把门外的人和行内的人粘在一起，因为只有这个词可以让懂和不懂的人找到共同的话题。实际上如果说行内的人对门外的人谈风格这个词其实无可厚非，但是如果行内人之间还是老揪着风格这个词，那问题就大了。我是说，我们当年包括现在很多的创作，大家总喜欢一谈就谈风格，风格这个词其实确实是太肤浅了，它可以把建筑里面很多重要的东西给掩盖掉，使得很多重要的东西不能去深入。

我们现在所处这条街，正好是当年我和李院长一起做的，做完之后也获得了各界的认可。但后来包括规划局、建委和各个区的领导，老喜欢问我们说你这个街做的是什么风格；可是我从来都对这个词予以回避，我的内心不愿去回应这个词。因为这个词一定是外行谈，内行不应该去多讲这个东西。4年前这条街完全不是这个样子，但是我们有一些依据，这条700多米的街上有4个重要的历史遗迹，最端头的是周公馆，然后是戴公馆，再有是桂园，最后是特园。在仅仅700米的街上有这四个东西，就给我们这条街定了调。所以我的修复和后来的保护性改造全是依据这些完成的。尽管我们的东西做出来大家也很认可，觉得不错，这条街在全国拿得出手，但是这条街做的过程并不是像人们想象的那么难，就因为它有依据。

我最近这几年有一些关于地域性的文章，其中一篇叫作《城市而非建筑的地域性》。我的意思是说我们不要把地域性都寄望在建筑上，建筑对地域性的表达是很有限的，往往就是一些符号和样式。中国人做所谓民族性、地域性的建筑，除了扣上一个大屋顶似乎就没别的手法了，陈志华和邹德侬先生都很反对这种方式。我们直至今日都没有超越丹下健三在 1966 年做的代代木体育馆。这是为什么，就是我们太在意所谓的风格，而对于建筑更深层次的东西没有关注。我们要彰显一个地方、一个城市的文化，一定要至少把它放在城市规划设计的层面来看待，不能单单看一个单体的建筑。单体的建筑是没办法把地域性、文化性讲清楚的。

（重庆市建委开发办主任 教授 博士后）

赵万民：我谈这样几点。

第一，建筑物质积累到文化发展的这样一个现象，不光是重庆和全国的现象，更是世界的现象。谈文化一定要有物质积累，只有物质达到一个基础的时候才有心情来谈文化。中国经过 30 多年改革开放的发展，从吃不饱、穿不暖到现在，物质基础已经达到了一个层面，但是谈文化本身要比物质积累要难得多。我们的唐宋盛世，到康乾盛世，都是经过了很长时间的物质积累，所以他们的文化也很兴盛。这个对于有一定修养的知识层面的人来说，应该是非常清楚的。就像欧洲的发展也是如此，大家到了欧洲也可以感觉到，欧洲人并不急要去赚钱，即使再忙，到了周末的时间他还是会留给自己。但在中国是做不到的，文化和气质不是一两天能够达到的，不过中国在慢慢地走上这个过程。

我认为，对于文化的定义首先应该是比较深层的，第二个应该是比较厚实的，第三个应该是比较超脱的，第四个应该是不怎么物质的。这就导致了越是物质、越是行政的地方，越难谈文化，国家化焦点的城市更是如此。如果我们简单地将重庆和北京，就传统建筑城市文化的发展上作一个比较，可以说北京是失败的，重庆是成功的。当然重庆与丽江相比，那重庆也是失败的。这是个很简单的道理。因为把北京这么一个历史文化建筑比较集中的城市拉出来看，它面对的国际化的问题，面对中央行政、地方行政的问题太多了，面对建筑师和文化人说左说右的问题也太多了。现在北京的城墙已经没有了，如果根据梁陈方案的意见，北京最初中央核心圈不是建立在现在的城市中心而是外迁，做成两个中心，那今天北京的格局肯定会是不一样的；城墙也不会拆，很多老的街区也都还在，如果这些都能够保留下来，到现在是非常有意义的。

第二，城市文化和建筑文化必然具有两个方面，这两方面一直存在并且还会存在下去。一个就是建筑的地方化，也就是地方建筑学，还有一个就是国际化。如果翻译成对等的英语，就是 Localism 和 International。这个是一直在争论并且会继续争论的问题。大家知道在 1999 年北京第二十次国际建筑师大会中，西方和中方的建筑师就 20 世纪中国建筑的主题是什么进行了讨论，最后的结论就是 Localism 和 International，这两个一定是同时存在的。

我认为尤其我们现在要谈自己本地的建筑文化，其原因在于我们的国际化做得已经太过了。相当多的地方被国际化冲击，很多市长、书记首先要的是洋人和洋方案。国外的一个三流建筑师都能在中国随便拿走几千万，而我们中国的建筑师画出更好的建筑可能只有几百万。中国的建筑师其实不是这个水平，所以当谈到我们自己文化的东西，我觉得这个过程要慢慢来，不能急，但是我们的观念引导很重要。所以对现代建筑节奏的改变和发展，这是不可取代的。就好像现在中国人都结识了西装和麦当劳，这里面确实有非常现代的东西，是值得我们学习的；但在这个同时，就是对我们自己建筑文化的发展，这个工作也是非常深厚甚至可以说是伟大的。中国是一个大国，中国的一些非常优秀的地方就在于地域文化的多元性。这就是我要讲的第二点，地方建筑文化和国际化应该同时推进。

第三个方面，就是重庆建筑文化的保护工作。这几年重庆的城市文化和建筑文化的保护和发展，我认为是走在全国前列的。我不是指总量，而是说这种意识。这十几年来，重庆组成了一个专家团体，形成了由政府人员、学者和企业结合的三位一体的合作关系。这个团队的人既有学术职务和行政职务，还吸纳了相当多的资金投入。后来我们重庆市的历史文化名城专委会就规定，凡是具有历史价值建筑保护的评审会，必须有至少两个专家才能开启，一个是行政方面规划局或者建委，另一个就是学术专家，这两者刚好合二为一、相辅相成。

文化的讨论，绝不是一个简单物质的东西，也不是简单让文化人坐下来谈文化，这一定是一个全方位的东西。我认为重庆这一点做得很好，所以十几年来有效地推进了重庆的发展，包括我们现在讨论乡村、乡镇的历史文化申报和保护工作，一旦讨论出结果，马上立法，立即执行。想想看一个小小的重庆市，我们向上推荐了 16 个国家级、28 个市级**历史文化名镇**，这个是不容易的。当然这里面有山地地域特色，但更主要**还是**管理方式决定的。我认为重庆的经验还有一点，就是从宏观、中观、**微观**全面地推进，这方面重庆做得非常好，也值得去总结。

第四个方面我认为重庆文化复兴的重要工作，大概有这么**几个**方面。

第一个就是大众的文化交流和引导，其实历史上那些镇、**那些**县为什么建得好并不是偶然的。对于这些文化名镇名村，我曾经做过**调查**分析，我当时考察了很多乡绅，他们都有很好的学历，很多还有秀才、举人出身的家世。他们从小就受到良好的书法训练，书法这个东西是极端具有审美价值的。但是今天我们的很多电视剧和歌曲，我感到一些东西非常浅薄；我偶尔也看看报道，也问问我学生他们的理解，他们也认为这些东西非常浅薄；但是大众的东西，就是缺少高等欣赏水平和素养的，在这样一种评价前提下，好的和不好的东西自然就会颠倒。其次就是现在建筑教育本身的延续性，现在大学里面教育人员的青黄不接已经过去了。十年"文革"让我们差了一代人，现在年轻一代渐渐顶起来，但是文化的青黄不接正在到来。观察老一辈学者的文化功底，那完全是没的说的；而今天当老师的这些人，绝大多数是缺少真正文化功底的，当然不光大学，中小学教育也是这样，建筑学教育也是如此。现在的建筑学教育太多地受到西方强势文化的推动，认为一个建筑不是规规矩矩地把功能做好，而是这里多、那里少，这儿挑一下，那儿拉一笔才好，这是很浅薄的、经不起考验的。尽管我们整个建筑教育界都明白这个道理，但是社会的推动很难挡得住。尽管导师在尽量做这方面的工作，可是学生可能到了硕士生或者博士生的阶段，才能理解一些基本评判的标准。

我认为建筑评论一定要说真话，评论只是一种看法，未必要盖棺定论，但可贵之处在于它的存在。作为一种观点不光民众敢去谈，建筑师之间也应该逐渐地敢于去谈，媒体或者网络承担起这部分责任我认为是非常好的。

（重庆大学建筑城规学院院长 教授 博导）

卢峰：实际上城市建设与城市文化之间是有很深的关系的。我觉得城市设计有几个方面是一定要做好的，第一个是城市肌理的保护和延续十分重要，城市肌理一个是自然的肌理，一个是历史的肌理。重庆现在规划条例里面对自然肌理保护是做得比较好的，几个山和绿地系统，还有几个景观生态带、两江沿岸的做法都是非常好的，但是历史肌理这块做得比较差。实际上从城市化的角度来看，城市肌理应该有两个特点，第一在于不可再生性，第二是不可复制性。比如自然的环境不可复制，那么历史作为一个城市的过去也是不可再生的东西，这中间历史记忆也有两个方面我们做得不好，第一个是街巷空间格局的保护，现在大拆大建的比较厉害，街巷原有的传统格局、几百年形成的历史空间格局被打破；第二个是历史建筑的保护做得不到位，城市历史建筑的保护是一个文化地标，很多近现代遗产建筑被拆除，导致一个城市没有历史地标去延续。

城市发展中，历史文化是一个很大的竞争力的表现。我们在具体建筑设计上有一个最大的问题，就是文化部门和其他各个部门的交流、联系是不够的，我们在设计中间面临的大部分问题就是历史建筑的保护和公共空间体系的建设不配套。历史建筑做得好，要有展示面，就要和公共空间的体现合在一起来做，现在这两个东西之间是不配套的。一个很简单的例子就是宋庆龄故居，本来做得很好的一个建筑但是太隐蔽了，没有人能看到它。公共空间的改造应该跟历史建筑的保护联系起来。

第二个我觉得，对城市空间、城市文化最重要的是在城市建设中对日常生活空间的改造和整合。因为日常生活空间是城市市民日常生活的空间，城市市民才是城市文化最重要的创造者，现在虽然把大街改完了，但是背街小巷的日常生活空间实际上是更重要的项目体系，因为它跟日常生活更密切，也更受关注。特别是在中心区，这一点尤为重要，因为这样才能让老百姓在自己的居住空间中有一个更好的发挥。

第三就是参与基础建设，因为重庆传统历史城镇的发展是有一个自下而上的过程的。按照以前的理论叫作按需发展，就是它的风貌形态很协调。但现在的城镇发展是一个自上而下的模式，领导一句话，一块地就给做了。国外为什么有参与过程，其实并不是说老百姓能提多少实际的建议，毕竟他不具备专业知识。但是通过这个参与过程能够提高社区的凝聚力，每个人都知道这是在做什么事情，所以参与过程是为城市发展、特别是城市文化提供社会基础的重要手段。现在老百姓参与只是一个公式的过程，在真正过程中的参与其实很少。这一块台湾就做得比较好，那里的老百姓就真的是在了解周围的城市空间跟自己有什么关系，他们就会比较爱护，对空间的认识也比较直观。

这三部分我认为应该好好地去考虑。如果这几块内容做好了，城市肌理做好了，城市日常空间做好了，参与机制做好了，那城市文化自然就有了。不管是现代文化还是历史文化，因为刚才各位老师也讲到了，人是一个很重要的因素，人在这个过程当中是传承文化很重要的一个平台，那么这个平台建立起来之后，城市文化自然就会延续下去。至于这个文化是什么样一个形态，那是根据每个历史阶段有所不同的。

（重庆大学建筑城规学院副院长 教授 博导）

龙彬：我本人最开始是研究城建史的，在这个过程当中，感到我们的国家有很多城市建设的宝贵遗产亟待保护。一方面就做了一些遗产保护的工作，另一个方面也感到我们不能仅停留于保留古人留下的遗产，我们作为建筑工作者还应该思考，我们应当怎样创造当今城市建筑，所以也一直保留对于这一领域的关注和兴趣。我想借这个机会，讲几个事情。

首先，对于建筑特色的认识和认同。我觉得建筑特色应该根植于文化土壤，有很多事例可以证明这一点。我就举一个我经常看到的例子，重庆大学有一栋现在已经被列为市级文保的建筑，就是我们的理学院。理学院这个建筑是一个不中不西的东西，它不是职业建筑师创造的，而是一个留学于美国的物理教师回来以后为了办学而画出的。这是他理解中的植根于中国传统文化的建筑，但是这个过程当中他进行了个人的演绎，形成了这样一个所谓折中主义的建筑。这个东西在当时可能是一个怪物，但是因为他寻求了他理解当中的文化土壤，所以现在已经成为了中西合璧建筑中一个典型的例子，所以才使它晋升为市级的文保建筑。另外一些，比如说被群众戏称为坦克的重庆大剧院，或者被群众戏称为火锅的国泰，这些东西今后能否获得我们对它特色的认同，应该是未知的。

第二句话就是对文化的态度。我个人认为，一个文化，并不是我们在短时间内就可以创造出来的，它需要在不经意的非常漫长的过程中沉淀下来。它不是随便贴一个标签，不是什么都可以加上"文化"两个字。既然是这样，我们在做根植于文化土壤的建筑创作的时候，在塑造这样一些建筑特性的时候，我们就应该保持心态的淡定。淡定就体现在我们做基于文化基础上的特性塑造的时候，要不急躁、不媚上、不媚俗，但是要善于顺势而动。比如我们重庆一些民国风建筑的实施方案，找到一个重要的推手，在很多片段、片区里把重庆这样一个根植于文化土壤的特色彰显出来。除了这一点之外，我还觉得，我们淡定但不是要无为，我们要有追求，有研究，有底气，敢于逆势而动。比如说前一段时间重庆主要领导爱好民国风，就导致稍微带点西洋风的东西，在这里就好像有点顶风作案的意思。基于我自己的理解，即便是一个有欧洲风的东西，一定程度上在重庆也有它的生存土壤。

这就引出我的第三句话，对于形式而言，我们在未来要加强研究，并梳理出重庆的历史文化脉络，而且特别要从历史文化脉络当中找到可供我们城市建设和建筑创作表现的文化类型和文化符号。这里我初步归纳为四个方面：第一个是我们的移民文化，这体现兼容并包的建筑语汇和建筑符号；第二个是开埠文化，体现的是中西合璧的文化传统和符号，这也是我们当时认为重庆可以出现欧洲风格建筑的原因；第三个就是抗战文化或者叫陪都文化，这里体现的就是当时作为战时首都后来作为永久陪都出现的一大批建筑，反映出的简约、经适的建筑理念；第四个就是山水文化，重庆的山水文化极具典型，在重庆的这些文化当中，我们应该获取的建筑理念就是自然情绪。重庆的城市文化还有很多，比如红岩文化等等，但是这些很难在我们的建筑中得以表现。

（重庆大学建筑城规学院教授 博导）

尹国均： 我个人认为，当前在城市建设中起决定作用的是官员，城市文化的水平与官员的文化水平有非常重要的关系。改革开放30年来中国经济取得了很大的发展，这其中土地成为重要的财政收入的支撑。自20世纪50年代以来，中国的传统文化丢失了许多，我们这一代人对传统文化知道的很少，就连我们师长辈的人也都受到很大影响。现在的问题是，从上到下，从官员到学生，受西方文化的影响巨大，建筑业内更是如此。受此影响，中国的本土建筑文化发展受到制约，这在建筑设计中有很大的表现。大的文化背景对城市文化建设能够产生极大的影响，而对中国发展起到重要作用的一是权力，二是经济，城市发展也是如此。

（市建委开发办副主任 教授级高工 博士后）

屈培青： 本次研讨会的主题让我非常感兴趣，原因有二：其一，几年以来我们一直在研究陕西关中民居建筑的相关命题；其二，我所在的陕西省域横跨三大文化板块，陕北黄土高原文化、关中民居文化、陕南巴蜀文化交汇于此。其中的陕南文化与重庆的巴蜀文化渊源颇深，我们非常关注；因此，重庆的文化、重庆的建筑对我有着特别的吸引力。基于上述两点原因加上我这些年的一线建筑创作经历，很希望能够与大家讨论我多年来在专业上所面临的"困惑"。

20世纪90年代，我曾听到某国外建筑师在其讲座中评论道："中国的城市只有建筑，但没有城市"。听其言论纵然不悦，但仔细想来也并非空穴来风。后来的时候，全国各地盛行追风，玻璃幕墙比比皆是，欧陆风格鳞次栉比。当时不乏有建筑师开始呼吁，让大家不要这么盲目，可是力量薄弱、效果不大。后来我想明白了一个道理，打个比方，改革开放之前食物都是按计划供给，我们没有什么吃的，而改革开放之后，我们有了"丰盛的大餐"，初期，人们饥不择食都抢着吃。这时候假如有人说这些食物不健康，营养过剩不好，我想许多人是听不进去的。这好比在建筑界我们突然看到了这么多外来的东西就觉得都是好的，于是也"饥不择食"，甚至把国外的一些建筑垃圾也追了回来。追了这么多年，大家也吃了这么多年的"大鱼大肉"之后，现在可能才开始明白应该回归平淡，也逐渐开始认识到吃营养餐、吃杂粮的重要了。于是，在建筑界我们正逐渐摒弃20年前的浮躁，开始向本土文化复归，进而有了我们今天的这次论坛。

我在实际创作当中，我们所遇到的大部分业主都想让他的建筑变成城市的标志。这好比我们的城市如果全部都是红花，全部都是标志，那么，也便没有了标志，城市反而杂乱无章，变得不再是城市了。如果我们把城市的定义分层来理解，我认为城市要有红花，但是大量的是绿叶。其实我们现在所谈的地域文化，其主要载体在于城市的"绿叶"，而不是"红花"。

说到城市的风貌和肌理，我认为其关键在于城市的街区，我们在改造一个老城的同时一定不能破坏它的街区。如果街区被破坏了，即便是再讲究的立面，再讲究的风格也都没有意义。我们拿上海的新天地和西安的关中民居村落比较，两者建筑形式上虽有不同，但尺度完全一样，那就是人的尺度。所以，我们应该抓住这些尺度上的东西，风貌和肌理是问题的根本。

此外，还有一种所谓的保护方式，就是把民众都迁走了，建成一个建筑"民居"让大家来瞻仰和参观，而原有的生活模式、原有的生活气息荡然无存，在我看来这也是另一种破坏。如果说山西的王家大院能够增添一些原有生活情趣的体现，想必要比现在成功得多，所以非物质文化遗产的保护与建筑遗产的保护是要建筑师进行综合考量的关键。

中国传统街区的典型共性就在于其场所、街巷和院落能够形成一个有机的脉络。丽江古城的四方街，就是一个人流交汇的场所，其本源就是人类栖居生活中用来搞活动的地方，几个场可以拽起整个空间，然后街形成骨架，最后再渗透到院子里面，这种脉络一定不能破坏，否则的话便没有了脉络，即使表皮设计得再好也没有意义。所以我认为应该保持场、街、院的脉络。至于形式可以顺应时代的发展，不能老是最原始的东西，也要善于融合新的元素。

我来到重庆之后看到现在所在的这条街非常吸引人，我更加相信重庆和成都的建筑还是比较理性的，没有太多地受到外来建筑思潮的影响而去大拆大建。就像刚才说的，如果20年前在这里提起这个话题，我们还稍显准备不足，但是现在大家聚到一起谈论这个话题，大家一起去解决一些事情，我觉得为时不晚。

（中国建筑西北设计研究院总建筑师　教授级高级建筑师）

殷力欣：昨天金主编问我一个事情，就引起了我一个联想。他问我，当年梁思成、陈明达还有刘敦桢三位先生为什么没有到重庆一起考察过。我就说当时这三位先生是要到这里来的，可是因为当时陈果夫、陈立夫说三峡地区属于战区，为了保护知识分子，我们宁愿丢掉一个县也不能让你们去冒这个风险，所以就禁止营造学社来重庆了。而且我想说的就是，梁先生当时之所以想来重庆地区，是因为他也想考察东巴西蜀的区别问题；还有一点就是汉代石阙。梁先生他们去过雅安，去过绵阳，他们发现雅安的高颐阙和绵阳的平阳府君阙都是东汉的东西，但是这其中有一个不同的风格。所以他们就在想，如果到了四川的东部，会不会发现这里不同的风格呢。三峡博物馆的一位贡先生曾在"文革"的时候做过四川汉阙的考察，他把这些资料拿到北京，当时梁思成的一个同事看到之后就说，这就是三峡地区的风格，而我们现在概括地说这就是巴渝风格。其实这就是历史的延续，我们看似不经意的、看似没有联系的东西，但其中古代和现代是有它的联系的。

另外一点就是对于重庆几个历史阶段之间的延续，我在想国民政府的重庆陪都规划，和后来 20 世纪 50 年代的建设有没有什么联系。当年陈明达先生参加过陪都建设委员会的工作，负责的是交通网的规划和分区规划。他曾经跟我说，重庆是一个新建的城市，他要营造一种山城的风格，所以说他的交通网也都是盘山路。不过无论在哪个区域，都应该露出它的山顶，就是要保证它的山水特色。这个特点直到后来 50 年代，陈先生设计两个重庆的建筑，其中一个就是琵琶山上原来的市委办公大楼，曾经设计这个建筑的时候，陈先生跑到山顶也就是现在红心亭的位置，他认为他所设计的建筑不应该阻挡住站在这个位置远眺江边。另外一个就是当时西南局大楼的设计，这个在平地上的建筑如何体现四川风格，设计者当时想到了梁思成设计吉林大学的时候用到辽代的斗拱，因为那个地区曾经是辽国的领土。所以作为现在这个区域，他就想到要用本地石窟斗拱的方式。我用这个例子就是想说，可能建筑师做现在某个建筑的时候，看似跟历史元素八竿子打不着，但是他会主动去想如何体现地方特色。

另外我还觉得不同的风格会有一些共性的东西，我们刚才提到多元文化，可是我想多元文化出现在同一个平台，那必然要有一个主导的精神支撑点。比方说重庆大礼堂表达的是一种壮丽华贵，那么从我们刚才说的这两个办公楼，则是朴实的。我自己将这些归结为一种理想主义。为什么说雄伟壮丽是理想，朴素也是理想，因为当时认为突出办公楼的建设要节省经费，节约下来的钱应该用在别的地方，休养生息。所以办公楼做得很朴素，这是那个时代的理想。而人民大会堂雄伟壮丽，这就是当年陈明达、张家德和邓小平的一段对话决定的，因为大礼堂象征着人民当家做主、参政议政，那就是非壮丽无以重威。我举这些例子来说明不同的风格也可以蕴含一种相同的内在文化精神。

（《中国建筑文化遗产》杂志社 副总编辑）

张宇：去年有两件好事，一个就是王澍获得普利策奖，是建筑界的诺贝尔奖；另一个是文学方面莫言获得了诺贝尔奖。在座的有很多作家和文人，而且我觉得文学家对于建筑和城市的关怀有他的独到之处，就我交流比较多的有刘心武和冯骥才，都对城市有他们独到的评价。记得老舍先生当年对城市的感情更深。我现在在做一个皇城博物馆，其中最早的思路就是从老舍的《想北平》这篇文章提炼出来的。他说，北平的好处不在处处设备得完全，而在它处处有空儿，可以使人自由地喘气；不在有好些美丽的建筑，而在建筑的四围都有空闲的地方，使它们成为美景。现在城市的发展速度太快，北京已经没有这种空隙了，各种混凝土的林立，给人感觉非常不方便，也很压抑。再加之北京现在的雾霾影响，整个北京城根本就没有老舍说的那种印象，今天是个机会，可以跟在座的文人学者交流学习，共同关心城市文化的建设与发展。

季富政：我认为，重庆建筑的问题，一是城市的，二是区域的。我先说重庆建筑的不足：第一，天生丽质的天际轮廓线被破坏；其实如果在建设中稍微注意，重庆的天际线也不至于到现在这个样子；第二，新中国成立以来，重庆几乎没有一个建筑进入国家的评奖；第三，重庆没有涌现出一位国家级大师。这些对重庆建筑的发展有很大影响。

我是重庆人，对重庆有非常深厚的感情。我认为，重庆的城市设计包括规划设计要重新研究，必须有革命性的变化。

重庆郊县有许多非常好的古镇，很有特点，保存得也很好，这些是中国杆栏聚落在时间形态上最好的；清华大学的老师曾经带着学生到这里进行测绘、调查，汪国渝、吴冠中等著名学者、艺术家也都来过。

什么是世界性？外国没有，只有我们有的，这才是世界性。四川有许多东西就是世界性的。重庆周边有许多民居建筑，或是土楼，或是碉楼，面积不大，但却非常有特点。这与重庆周边有大量的移民有很大的关系，移民的到来，也同时带来了他们原有的文化，这当然也包括建筑文化，并由此形成了新一代的乡土建筑，非常集中，也非常精彩。这些建筑与重庆城市建筑有非常重要的关系，城市发展离不开地域文化的影响，脱离地域谈城市是会飘离的，地域与城市的关系是不可能脱离的。中国建筑师要有地位就必须走这条路，必须做好乡村、地域与现代城市的结合，这个问题非常重要。

我们的宣传对城市建设给予关注，要真正找到建设中的"痛处"，不要像挠痒痒一般，否则重庆建筑文化就要消失。

我主要从事乡土建筑研究，对重庆周边的建筑有一些了解。万县有一个白庙子，许多大师都考察过；唐河、齐河、乌江等地有许多建筑，比以前重庆磁器口还好的东西，现在都已经被拆了。重庆的地域风貌要保留下来，要与旅游结合，要学习成都宽窄巷子的做法，搞好这些东西都是城市名片。重庆在现代化建设当中，应保留这样一批历史建筑，这是重庆的一个优点；特别是重庆的天际线，这是重庆建筑的特色。如果不被重视，则整个重庆城市的特色就淡然了。

（西南交大建筑设计院教授 著名乡土建筑专家）

莫怀戚： 我在重庆市委办过一个讲座，我当时就问了一个问题，就是这些小区为什么都是一些平屋顶，怎么不做一些飞檐峭壁。旁边有一个人冷冷地说，还不是成本。成本管着这个特色的建筑，开发商肯定要利润最大化，所以成本要最小化。一个小区修得错落有致卖 3 万，还是把它修得稀疏平常卖 7000 块，很多开发商选择后者。这种思路下，由建筑商、开发商来打理整个重庆，不可能出什么真正的建筑。这个问题也只能是说说而已。

现在政府卖土地，就把这个问题变成了大面积化。凡是政府行为的规划设计，我觉得还都是可以的，举个例子，两江上现在有许多桥梁。重庆之所以被评为桥都，国务院是有批示的。重庆的桥不单单数量多，品种也很多，有旱桥、水桥、半旱半水的桥、不旱不水的桥，这些都是重庆才有的桥。这个问题从两个方面看。首先，旧重庆没有多大的可观赏性。我儿子在 7 岁时，站在两路口的制高点俯瞰了整个重庆的吊脚楼、民房，做了一个比喻，就是一堆破积木。现在的城市观感显然要好一些，但是凡是拿来由开发商做的，都搞成了千篇一律；凡是政府用纳税人的钱来修建的，倒还可圈可点。房地产商不是慈善家，但怎么在自己的职责范围内去完成建筑，形成特色，这是一个值得讨论的问题。

（重庆师范大学教授 著名作家）

王川平：重庆建筑受到以阶级斗争为纲的影响，政治势力对建筑的破坏影响力很大。比如说我们现在开会的这个楼能保存下来，完全是由于它是戴笠住过的，是当时用来监视我党周公馆的。基于这座楼的环境和背景，为了突出当时阶级斗争这部分的历史，这座楼就被侥幸保留了下来。咱们现在有近现代建筑，有革命文物，但是没有反革命文物。但是为了证明革命文物，也就把这个反革命文物保留了下来。

重庆现在能够保留下来近现代建筑实属不易。第一轮就被政治斗争、阶级斗争消灭的，多数都是资产阶级代表人物、国民党代表人物的房子。20多年前，重庆提出了一个建议，我也曾参与其中。重庆作为抗战首都和陪都的一大批东西，在当时要保留还是很容易的。但是由于抗战的房子品质不高，危房较多，需要国家批下钱来修缮。时任中央委员会总书记胡耀邦觉得重庆这方面的文化资源对于解决台湾问题是有帮助的，马上让财政部拨款 1000 万元给重庆用于维修抗战时期的建筑。那时候的 1000 万元还是很大的数目。第一批 500 万元到了重庆，还没开始用呢，结果重庆的老百姓就有反对的，说现在活人尚且没有房子住，用这么多钱去修国民党的房子干什么。于是到了重庆的 500 万元就被用来做重庆的中小学和剧场改造，真正用于文物保护的基本为零，第二个 500 万元也没有再来。这就是我想说的阶级斗争为纲冲刷了这次计划。实际上当时已经改革开放了，但是人们的观念还没有打开。这样一来，重庆的抗战建筑每年都损失惨重。后来我们觉得着急，就强行施加我们部门的意志，给抗战时期的房子挂上牌子，就说它享受市级文物的待遇。现在能够保存下来的也就是当时我们用这种非正规的手段挂了牌子，后来逐渐加入重庆市文物保护名录中的建筑。这就是第一次对重庆文物建筑的冲击。

第二个冲击就是经济的冲击，这就和开发有关，尤其是当政府的力量和开发商的力量结合在一起的时候。我同意刚才提到的光有房地产而没有建筑。改革开放前是政治对城市建筑品格和文化的冲击，开放以后是经济和政权结合在一起抹平了很多城市记忆，伤害了城市肌理。现在看重庆的天际线，多大的房子都敢往山头上垒，好像不压垮了山就没气势一样。现在重庆的规划我真是不敢恭维，引用老北京的一句话就是规而不划，规而乱划。山城呈欲摧之势，没有人能遏制住。我们也多次讲到城市轮廓线，但是几乎没人去关注。经济和政治的力量这几十年来把文化消亡得差不多了，但是好在人们的文化意识在逐渐觉醒，文化自信也在觉醒。

我下面想说重庆的几个建筑，第一个是石宝寨。通过研究这个石宝寨，我觉得中国的古人既聪明，又诗意，还有点奢华。石宝寨其实就是一个上山的通道，但我们把它建成了一个传奇的建筑，山上有一个体量很合适的寺庙，这既充满了诗意，又确实非常奢华。在保护三峡文物的时候我们发现，由于江水上升，对这个建筑的保护难度极高，我们用了很多现代的办法才保护成功实属不易。那个小山本来就支离破碎，再加上水位上升，山间大量的泥土都被冲出了问题，后来我们花了很多努力，最终把它变成了全国同类文物保护的典范。在处理山水与建筑方面，重庆有它的独到之处，这是一些平原城市不能比的；重庆的山水更复杂，也更有趣得多。依山就势，依水造型，这些手法不是我们现在简简单单地提出山地建筑，提出非对称就可以概括的，我们还没有把古人的情趣给体现出来。

再说说大礼堂，虽然大礼堂用的是天安门、故宫、天坛的组合语言，但是它就是一个重庆的建筑。有人说这个组合虽然巧妙，但是里面没有重庆的元素。殊不知，重庆是一个移民城市，移民城市的最大特点就是学习别人好的东西，来装点自己的门面。大礼堂并不是抄袭的作品，而是重庆人凭借智慧创造出来的。大礼堂和三峡博物馆都位列新中国成立60年评选的100座精品经典建筑。

这里面还牵扯到了三峡博物馆，这也是我亲身经历过的事情。我认为三峡博物馆充分尊重了传统建筑的样式，它用最简单的语言和色彩，用玻璃、钢材、石材，以及降低下来的高度，对外面的大礼堂也表示了足够的尊重。博物馆是一个拥抱的样式，而大礼堂是一个圆形的建筑，这其中既注重了建筑之间的呼应，又围合了一篇城市广场。我记得当时设计大礼堂的时候，规划部门要求我们把中轴线让出来，留给政府做建筑。当时我坚持不让，我认为博物馆和大礼堂是祖和庙的关系，一个是议事厅，一个是祭祀厅，是市政建筑和文化建筑的呼应关系，所以我把它坚持了下来。我觉得，尊重我们的传统建筑和文化，用这样一组建筑呼应关系，更能体现现代人对过去文化的尊重和继承。

（原重庆市文化局党组成员　三峡博物馆馆长　书记）

熊笃：对于重庆这个城市的形象定位，我曾经写过一篇文章把它归纳了几个方面。首先是从地形上的分析。今天的大重庆，由远郊县城、地级市以及重庆组成，概括起来它的地域特征就是众星拱月，峡江山城。重庆是山城，也是水城，是一个园林城市，而长江三峡沿线不仅仅是重庆一座城市，还有很多小的聚落，这就形成了众星拱月的特点。其次从历史上说，重庆又是巴渝文化的历史名城，巴渝文化从古代传到现在，具有丰厚的历史文化积淀，其中也包括陪都时期抗战文化的积淀，这都是巴渝大地的一个阶段。从人口构成上说，重庆是五湖四海荟萃的移民城市，从明朝到清朝湖广填四川，生活在这里的人，大多数都是那个时期迁徙过来的。土家族是原来巴人的后裔，在整个人口的比例也比较少。所以我认为这三个城市定位的特点，主要是从民族、地域和历史这三个要素来看，其实就是三个节点。

第一个节点就是巴文化，巴族是属于苗系集团，跟炎黄集团有所区别。在原始社会，中国只有三大集团，东夷、苗蛮和炎黄。巴族在建筑上留下来的特色就是吊脚楼，包括湖北西部、四川宜宾，还有汉中等地也是巴族曾经繁衍的地带。吊脚楼底下一层柱子作为猪圈牛圈，中间一层用来住人，再上面一层是储物空间。所以古代的巴族建筑现在应该用作一种符号体现在建筑当中，这是一个节点。

第二个节点就是湖广填四川，虽然名叫湖广指的是湖北、湖南、广东，但是实际上江西和福建也都有移民来到重庆。因此现在看我们跟北方或者中原的城市相比，重庆的特色就不是很突出，其中一个原因就是历史原因，就是在移民过程中的民族和文化大融合，使得外来的建筑和山城本身的建筑融合起来。但是尽管现在90%的居民都来自于历史上的几次大移民行动，他们所带来的不管哪里的建筑形式，还是要和山城本地的地形结合，于是就产生了这种相对统一但仍存在差异化的风格形式。

第三个节点就是现代化，比如说戴笠公馆，它就是一个中西结合的建筑，民国时期有很多这样的建筑。因为重庆的西式建筑很多，建筑变成了钢筋水泥垒积木，地域特点和城市特点完全被抹杀了。适当地回归中式建筑应该有的样貌，在建筑体上运用些传统的建筑符号，我觉得会比之前的乱象好得多。

过去的建筑确实像刚才说的，房地产商的建筑缺乏特色，政府主持的建筑还说得过去，而且我隐隐感觉重庆人比较浮躁，有些东西不愿意精雕细刻，这大概跟重庆历史上的教育落后有关。不然为什么有古话说蜀出相、巴出将呢，赳赳武夫一般不会有多高的文化。

我们今天一方面是讨论已有建筑的评说，另一方面是对于未来建筑应该怎么把这三种文化融合进去，我谈一谈个人的想法。建筑设计方面，巴国的建筑主要是吊脚楼。重庆现在有很少的几个地产商的建筑中还留存有吊脚楼的元素，虽然它不像古代的那种模式，但还是有吊脚楼的遗风。重点应该说是从湖广填四川来的，明末清初时期的建筑风格应该被吸取。古时候的图腾，应该可以在柱子的刻画中有所表现，历史上英雄人物的事迹也可以记录在现在的建筑当中，就好比东汉时期的严颜被张飞捉住，宁死不跪。这些具有故事性的人物，可以通过浮雕有所表现。在古代，重庆还是有很多生产方式和经济方面值得称道的地方，比如周朝天子的贡米就来源于这个地方，贡米的精细程度，甚至可以用来做妇女的化妆品来给宫里的嫔妃用。重庆古代时候的酒也十分有名，郦道元的水经注中也有记载，那就是巴国的巴清酒。诸如此类的经济文化是融入我们生活当中的特点，我们可以把这些符号应用到建筑当中去，弘扬我们的地域文化。

在文化方面，巴国还产生了古老的图语——图画的语言，现在发掘的图语已经有上百个，但能解密出来的仅十几个，有的专家说巴国图语的出现甚至不亚于中华的文字。巴国也有编钟、古筝这些乐器；巴国的兵器如矛、剑等经过现代物理化学研究的测定，其中铜、锡、铝合金的比例与西汉《考工记》里记载的相差无几，也就是说巴国当时的冶炼技术并不落后于中原。宗教文化方面，巴国也有很多大事，比如佛教方面，万州的一个和尚行满曾经教过一个日本徒弟最澄，而最澄日后归国，就第一个把佛教中的天台宗传播到了日本。这些事迹几乎可以和鉴真和尚相提并论了，但是很少有人知道。很多人急功近利地想，一个古人死了这么多年了宣传他干什么，殊不知文化积淀都来自这里。

（重庆工商大学教授 巴渝文化专家）

许玉明： 刚才有专家讲到一个概念，重庆在建筑文化方面，在这个历史过程当中多种力量的冲击下，文化的彰显、个性的积淀和新文化的创造已经缺失了一些。但现在这些已经过去了，作为我们社会科学工作者，我们很关心的一个问题就是，能不能逆转这一局势。

重庆过去的发展得益于我们的一些理念和快速的手段，留下一些遗憾就是文化的浮躁和经济的浮躁，使得我们的文化积淀没有彰显出来。后期的开发如果按照现有的模式，或许就不应该再继续下去。这种时候我们期望经济和艺术能有一个完美的结合，因为这种开发的过程想要实现其经济价值，而这种浮躁不是建筑本身可以解决的。我们要挖掘其中的故事，并寻求这其中的体现方式，通过建筑风格和艺术手法予以彰显。

对于现在新农村和外围城镇人类居住质量的转变，我觉得不单单来自于物质。我们曾经做过1000多个楼盘的比较，其实各个环节表现的质量标准，差异都不是太大。真正需要挖掘的是文化，有些比较有个性的开发商，可以把生态等元素在楼盘中表达得稍微好一点，后续的管理稍微好一点，但真正的挖掘工作是不够的。

我们认为，未来的城市经营当中，应该同时经营文化，建筑的内涵都应该体现文化，这样才能在未来有生命力。如果是浮躁、快速的方式开发，在外围是难以实现的。但是建设是一种投入，投入是一种经营。在经营过程当中，这种投入发挥的后续价值，远远多于为了节约成本实现的开发价值。我们必须根本性地转变这种理念。对于当下的小城镇开发，如果按照开发商的思想和理念，我们什么都不会给后人留下，那些建筑都是不可持续的，30 年以后那就是一堆建筑垃圾。那么我们为什么不在现在就把它的文化价值发挥出来，并给 30 年之后的人留下建筑艺术和文化呢。毕竟不是说等过了几十年我们都离开这个世界，我们建的建筑就要全部推倒去重做，我们应该想到未来。我们不仅仅是在解决居住使用问题，我们也是在创造艺术和文化，这时候如何引导，特别是龙头企业的思想和理念，直接影响到一片区域乃至一个城市的开发和理念。

其实重庆非常渴望文化消费。我觉得重庆人可怜，是因为开发商没有给重庆人文化消费的渠道，没有满足重庆人文化消费的欲望和追求，也没有引导消费。即便消费者开始引导开发的时候，开发商还是忽视了消费者的感觉。现在的楼盘，文化领域一定是新卖点，而不是管理的手段。一旦这种文化成为你的个性，大家也都推崇你，即便西洋文化有很多规划建设上的优势的地方，但是不要脱离巴渝文化的根。很多很多的故事是可以在规划和建筑当中去体现的，但经常都被忘却、忽略、埋葬，这是我们做策划的人非常痛心却又无法左右的。

（重庆市社科院城市建设与管理研究所 所长）

殷力欣：建筑是不是花钱很多才能盖得好，我想起了法国剧作家莫里哀一个经典的场面，是《悭吝人》中的一句讽刺吝啬鬼的台词，"假如说做一顿好饭需要花很多钱，这人人都会做，是很容易的事情。聪明的小伙子能花很少的钱同样做出一顿美餐。"我觉得摆在地产商面前的问题就是，应该能想到聪明的办法，结合经济和文化艺术于一体。我想这可能也是古今中外建筑界都在思考的一个问题，过去我们说建筑应该"坚固、适用、美观"，我想在我们国家还应该加上民生。比较起来，古时候故宫应该算最高等级的建筑，但我们翻看营造法式发现，即便是皇宫的一些卫生间等等下房，也是可以用边角料去做的，这样既可以省钱也不影响整体的氛围。在欧洲一些成功的城市建设里，皇宫和教堂不一定就是最伟大的建筑。比如流水别墅就是一个建筑小品的经典建筑。

涉及重庆，我觉得我们应该考虑到重庆的古代建筑，包括吊脚楼等，它本身就含有经济和美观的因素。中国建筑有一个等级制，面阔、开间在这里面都有详细的规定，"文革"时候被作为腐朽思想拿来批判。那么就出现了一个问题，就是大开间、大面阔的建筑是不是就是伟大呢？明清时代我们说苏杭是人间天堂，这两个作为州级城市，并没有那么多高等级建筑，却同样可以做好。

对重庆来说，我觉得一个典型的范例是民国时期建筑。比如杨廷宝当时设计的孙科住宅，我估算了一下，它的花费并不是很大，但是艺术效果很好。我们现在营造具有地域风格的建筑，就应该借鉴这样的做法。

胡剑：作为一个开发商，我们在重庆每年的建设量达到 200 万平方米，应该说对于重庆的发展还是有我们自己的贡献的。在追逐商业利益的同时，关于规划和文化建设的种种问题，是我们既作为一个员工又作为一个社会人应该思考的东西。我今天想简单地说一些问题，希望能够和各位专家交流。

首先谈谈规划方面，我们认为城市的空间形态更胜于单体。重庆是一个山与水交汇的城市，也是一个多组团多中心的城市，与其他大多数城市都有着明显的区别，山水的错落更容易表现自然的原始美感。随着我们城市的扩展，大量土地被规划成了建设用地，由开发商或者政府来建设。但是随着原本以江分格，上下半城之间的界限越发模糊，重庆也逐渐失去了原来的特色，多组团、多中心、上下半城、峡谷山川都找不到了；山都被建筑挡住了，原来的江水也被我们看成是阻碍发展的河沟。这是不是由于规划方面出了什么问题，过多追求短期的社会经济效益，而忽视了长远的社会文化方面的价值。回过头看现在，我们已经基本完成了内环，开始向内外环之间的空间发展。如果再按照这个步调往下发展，重庆可能就会变成上海或者北京。重庆的新规划调整中，对于重庆总开发量做了下调。我认为在这个趋势下，我们也可以在外环的建设中，进行一些疏密有致的调整，使城市获得一些留白，以保留它的自然风貌。其实无论是国外的城市还是北京颐和园、杭州西湖，都是城市中的留白才能导致美丽的诞生，才能给人以深刻的印象。

第二点我想讲一个小故事，来说说开发商是怎么处理建筑与文化关系的。

作为开发企业，我们其实并不赞成大面积地建造西式建筑，但是事实上无论西班牙风格、北美或者英伦的风格都已经被修了个遍，这不是一个正常的事情。我们过多地去追求效率和效益，不仅仅是开发者，还包括行政机构，资金的压力会使得我们不得不这么做，而文化和传承的东西只能退居其次。当前社会对于信仰的缺乏，对于传统文明继承的缺乏，无论是礼仪还是生活习惯，都导致了我们不同程度的西化；包括饮食、衣着以及亲戚关系，都在全面地向西方靠拢，所以人们的思想理念上，居住环境向西方靠拢也是正常的。同时，现在的经济发展更快于文化发展，城市化建设的加快，大量的农村人口进城，带来的文化碰撞也使得文化发展本身面临着更多的调整。基于这种种因素，人们更倾向于去享受西方的生活方式，而不是中国古代的生活方式。人们不希望过从前四世同堂的大家庭生活，而倾向于三口之家的小家庭生活。我们开始追求的东西，使得建筑的户型和空间关系、规划关系，都和我们的传统背道而驰了。我们对于全国的统计显示，目前市场上最好卖的是北美风格，其次是西班牙和英伦风格，再次是法式风格，而我们的客户一再强调他们最不愿意选择的就是中式风格。无论合理与否，这是一个很客观的现实。

我们在每个城市做了数千样本，其中涵盖了从高收入到低收入客户群。客户对于北美风格的青睐，其根本来自于人们对于西方生活方式和制度的向往，他们认为北美无论社会法制、产品质量、生活水平、科技实力都比我们自己的要高；而他们对于西班牙样的向往，源于他们觉得西班牙式给他们的生活中增添了一份享受，可以在回到家之后充分的放松；法式建筑虽然也广为人们看好，可是由于大量石材的运用，房价太高令人们敬而远之；英伦风格由于烟囱和尖屋顶与我们的传统差异过大，接受度只能说是一般。而接受度最低的中式建筑，即便我们尝试过一些现代中式，或者江南水乡风格，或者皇室宫殿风格，最后还是发现推行很难。现在很多建筑设计者功力不够，文化修养也不够，要想把一个中式建筑做好非常困难。人们平时生活在中国，其实潜移默化里对中式建筑的认知是很高的，所以要达到他们期望的设计方案，国内并不多。而且现在做中式建筑的成本比西式建筑还要高，经济也是一个问题。中国的建筑主要由农民工完成，所以施工手艺也是一个难点。我们曾经考察过日本的一些现代中式建筑的建设，他们的很多部件都是在工厂里预制加工的，我们在这点上还做不到。我认为北京、上海再过 10 年左右，可能会出现一些高品质的中式建筑，这和整体的经济实力还是有关系的。

我们开发商现在努力在营造好的小区质量和小区环境，文化方面做了一些中式住宅的尝试。不过我们在中式商品房的制作中，很难达到那种温馨热闹的感觉，环境总是很冷清，甚至有点吓人；很多业主也在反映这个问题，觉得很难接受。这也构成了我们的一些困惑。后来这方面的尝试也就慢慢变少了，反而一些滨水商业区倒是可以做传统文化的东西。

对于传统文化保护，无论在市场里运作企业，还是个人去感受生活，好的文化直接和钱相关。京剧是有钱有闲的人才听得起的，大多数老百姓每天朝九晚五，没有这个时间。作为一些非市场的主体，政府和一些事业机构，在这个城市里，要尽快地实现传统文化的回归；除了在文化方面的引领之外，在建筑方面可能首先要考虑一些公益的设施，需要更精细地去设计。对于市场化的东西，应该加强引领，因为这个东西没法强制，否则反而会引起社会的反感。

（龙湖地产集团设计总监）

屈培青：建筑学其实是一门社会学，并不是单单一个房子的问题。我是一名职业建筑师，工作的同时也在带研究生，作为建筑师我经常听到很多抱怨，社会抱怨中国的建筑师实力不行，而建筑师则抱怨社会地位得不到认可，这种背对背的抱怨总是不绝于耳。我在这里想给大家说几个现象，之前我们工作室和哥伦比亚大学有一个交流活动，哥伦比亚大学来的7个研究生中只有三个是本科学建筑的，另外四个的本科分别是学文学、新闻和法律等学科的。按照他们大学的招生规定，建筑学硕士研究生只能招1/2的建筑学本科生，其他必须由人文社会科学等领域招生，这说明建筑学其本身就是一门杂学，是多种学科的杂交成果。还有一次我们和美院环艺系的学生开交流会，环艺学生就问，他们能不能报考建筑系的研究生。我说当然好啊，因为建筑绝对不是单一的学科，必定需要城市规划、建筑学、景观、园林之间的跨界，国内知名院校比如同济的建筑学就要求，如果一个学生本科、硕士、博士都是在本校读的，那就一定不能留校任教，他们认为这有点类似于"近亲繁殖"不利于交流，这也是国内建筑学发展的一个方向。

还有一个现象就是我们与外界的沟通太少。前些年我们在西安找了8位记者，用一对一的方式对话了8位建筑师并出了一本书。当时采访我的是西安华商报的编辑，他说他在跟我谈话之前对建筑师没什么了解，甚至对建筑师是一个排斥态度，因为他看到的建筑师都是在做破坏。在与我做了长时间的沟通后，他逐渐对建筑师有了了解，也理解到我们工作的难处。我们建筑师做一个项目到最后施工，可能得到的往往不是一个最理想的方案，而是一个可行性最高的方案。

我觉得要拉近我们和外界之间的距离，首先应该靠建筑师自己的功底。中国拥有建筑学的高等院校超过 200 所，但是学生的水准参差不齐，一些学生毕业后与实际工作需求相差甚远，所以建筑师首先应该提高自己的功底。其次我们应该意识到建筑和文化的关系，不是建筑文化，而应该是文化建筑，建筑是文化的一个范畴，如果我们一味地总是高谈阔论讲文化，没有和建筑结合到一起，这就走了弯路。

现在的情况往往是开发商跟着老百姓的关注点忽悠，而建筑师就跟着开发商的崇尚点追捧，造成的结果就是开发商左右了建筑师的设计。"反正开发商都是自己拿概念，自己要风格，找设计院其实就是要一套施工图"，出于这样一种现实情况，优秀而有名望的建筑师往往拒绝与开发商接触，这就出现了一个严重的隔阂。现阶段一些地产项目往往是高容积率加表皮设计，再添加一个主义之名，其结果是弄得乌烟瘴气。住宅就是城市的绿叶，应该是一个安静的休息场所，不应该搞那么多噱头。

我们再说传统文化建设。其实在这方面国内不乏优秀作品，只是苦于我们不能坚持把这条路走下去。老百姓可能一时喜欢某一种风格，但老百姓的喜好是可以被引导的，而且建筑师也有责任去加以正确的引导。毕竟建筑是一个长久的存在，如果仅仅是因为老百姓喜欢就把它盖出来，再忽悠老百姓来买单，这是一个非常不负责任的行为。总体上来讲现在的房地产商重概念、重炒作、重主义、轻技术、轻材料、轻施工，我们总说文化，但是现在匠人的技术达不到我们的需要，施工的质量只能满足最低标准，因为除了工长以外其他民工往往都没有经过培训，缺少一个基本的施工素质，最终影响到文化在建筑上的体现。文化的落实在于方方面面，在于点点滴滴，有时候我们高谈阔论，但对细枝末节的忽视却制约了我们文化的表达和发展。往往是等到建筑建成了，才发现施工成果与设计理念相去甚远。所以我想，只有文化、建筑、社会、地产商联手，才能真正地把中国建筑提升到一个国际的水平，受到尊重。我坚信，包括民居在内的中国传统文化，一定有它的出路。

蓝勇：我感觉，现下建筑界的乱象，问题出在我们现在所处的体制、我们的城乡结构与中国传统建筑之间的矛盾。中国传统建筑是典型的低容积率，而政府所追求的则恰恰相反，政府要最高效率地解决更多人口的教育医疗配套问题，所以只能把人民都放到城市，这种矛盾是我们短期内解决不了的。

可是为什么我们看到日本的人口密度比我们高，美国几个城市的密度也比我们高，人家没有出现这么严重的问题呢？我一直在想，是不是我们城市化的导向是错的，我们不能把农村的人口全部弄到城市里面来，而是应该就地城镇化。就以日本为例，他们的人口多，但是高层建筑并不多；他们对广大土地做了充分的利用，基本有平地的地方就有村落，就有民居，城乡差别没有中国这么大。如果我们做中式建筑，富豪可以在他买来的土地上盖个两层小楼，但是绝大多数人用不起。即便是作为商铺，也不可能在高楼林立的地方做很多低矮的楼房。所以说如果想让广大老百姓在 10 年内住上这种中式的建筑，不是一个现实的事情。

南方从传统的竹制建筑到砖瓦建筑的发展，一方面来源于对火灾的防范，更大程度则是来自于生产力的提升。这是一种材料上的革新，同时建筑的形式也发生了改变。中国传统木构建筑最大的问题在于不能持久，不能像欧洲石构建筑可以存放上千年。而在中国哪怕明朝以前的木构建筑，现在都屈指可数了。所以说由于客观条件，我们对于传统建筑的研究也没有跟上。说起重庆的特色建筑大家都会想到吊脚楼，可是对于吊脚楼我们的研究也不够深。吊脚楼现在留存的也不多了，而且它本身还分很多形式，不同区域、不同历史时期的吊脚楼也是不相同的。吊脚楼只是干栏式建筑的一种，而干栏式建筑在古代的分部就更加广了，整个南方都在应用。从各个区域的分类，再到重庆各个时期的分类，我们经常挂在嘴边的吊脚楼只是其中一个很小的分支，这是文化层面的问题。所以我们对于自己的传统文化还有待深入研究和梳理，就好像现在重庆还没有一本自己的地域建筑史，而建筑志也是写的民国之后这一段时间而已。

最近重庆也搞了一些古镇，我觉得有点不伦不类，其风格都不是重庆的味道。造假古董造得都不行，至少也应该像我们自己的东西嘛；有一些看上去就像回疆苗寨一样。我觉得这根本上就是对于我们的文化了解不够，在这样的基础上，很难指望现代建筑可以提炼传统元素的符号来运用。

（西南大学教授 历史地理研究所所长）

舒莺：莫言获得了诺贝尔文学奖之后，很多人就有争议，有人就提出，村上春树作为一个国际化的文学家，有那么多的粉丝，作品也很出色，为什么他没有拿到这个奖。有人就回答说，村上的作品中充满了星巴克、爵士乐、蓝调，他更像是一个文化领域的混血儿，而莫言先生的作品只写自己的故乡高密，他的成分和血液就来得更纯粹。我们常听一句话说，只有民族的，才是世界的。放在我们建筑上，地域文化之所以能够在长久的历史中保存下来，并且在一个循环式的发展中，我们又一次站到这里来关注地域性的东西，这应该说是我们现在有一个很好的环境，也处在一个很好的时机。但是我们的开发商则提出一个值得深思的问题，为什么每次谈到文化大家都津津乐道，可一涉及设计，带有文化色彩的却只有高等户型呢？其实刚才说到大家对于北美文化有崇拜，对于他们的科技有向往，但尽管如此，回到建筑上我觉得大家还是离不开经济、适用、美观。按照人性来说，如果一个房子本来就很注意民生，大家住着舒服，只要这个房子能够满足人民的需求，人们就会趋向于去选择它。为什么人性和选择上会存在冲突呢？刚才讲了这么多重庆的文化，但是这个文化怎么落地，怎么和重庆当地的设计相结合起来。文化也应该注重实用，如果一个文化不实用，那人们为什么要去选择它。

外来文化的热卖我觉得还有一部分原因来自于人们对于新鲜事物的好奇，这种好奇只是一时的，就好像人们看到一个新的食物，总会想去尝一尝；吃过一段时间之后可能觉得不如一开始那么好吃了，或者说他们回过头又会对原来的东西好奇，他又可能会回到原点。建筑也是一样的，在这样一种过程中，人们处在一种很浮躁的心态，经济快速发展，社会跟着进步，这时候无论是做总体规划的还是局部设计的，一定要保持理性，要意识到引领未来。未来会怎么变化，只有理性的人知道，用理性来引导消费，这才是我们需要做的。

（重庆市设计院建筑文化工作室主任）

（朱有恒根据录音整理，未经本人审阅）

"处处留心皆学问"今日说

刘建

"一个建筑师最重要的才能，是对活生生的建筑的理解能力。"当你把对现实生活的感悟能力运用于考察现实中那些已经落成的、你所不曾经历过的建筑时，那些建筑的意义就会在你的生活感悟力的感召下，真实地呈现在你的面前。这种理解能力一方面来源于你对建筑掌握的信息和数据，另一方面来源于你对信息和数据的处理。因为数据是了解建筑最好的途径，也是对建筑最好的量化。

相信每个进入建筑系的学生都对"处处留心皆学问"这句话不陌生，"处处留心皆学问"是老一辈建筑师的行为准则。这种严谨的治学态度希望借助数据的帮助，准确地把握建筑的每一个细节，读精读透，以期缩短我们对建筑认知的距离。因为强调亲身的体验，这种数据带有强烈的个人色彩，同一个数据带给不同的人不同的感觉。大量数据转化为潜意识中的知识，培养出个人的经验和直觉。人们越来越多地意识到数据的重要性，但是今天随着互联网技术的发展，大数据时代已经悄然来临，数据正在迅速膨胀并变大，量之大已经远远超过了任何人的想象，计量单位也随之不断升级（TB—PB—EB—ZB）。

"互联网上一天"的数据告诉我们：

一天之中，互联网产生的全部内容可以刻满 1.68 亿张 DVD；

发出的社区帖子达 200 万个（相当于《时代》杂志 770 年的文字量）；

全球每秒钟发送 290 万封电子邮件，1 分钟读 1 篇，一个人昼夜不停地读，需要 5.5 年；

每天会有 2.88 万小时的视频上传到 YouTube，一个人昼夜不停地观看，需要 3.3 年；

推特每天有 5000 万条消息，10 秒浏览一条，一个人昼夜不停地读，需要 16 年……

关于建筑方面的信息和数据也非常多，内容更加丰富翔实，信息和数据的垄断被打破，只要有心，任何数据和信息都可以找到。我们也更加习惯于拷贝和粘贴。从小数据时代进入了大数据时代的我们，终于从繁重的搜寻工作中解放出来，是否就可以喘口气了呢？

但是大数据时代对人类的数据驾驭能力提出了新的挑战和更高的要求，也为人们获得更为深刻、全面的洞察能力提供了前所未有的空间与潜力。获得数据很重要，但是亲身处理数据才能真正理解活生生的建筑。而这种理解能力来源于心而不仅仅是手，仅仅靠拷贝和粘贴无法发掘出其中关系的。

维克托·迈尔·舍恩伯格指出，大数据带来的信息风暴正在变革我们的生活、工作和思维。其中最大的转变就是从对因果关系的追求中解脱出来，转而将注意力放在相关关系的发现和使用上。这就颠覆了千百年来人类的思维惯例，对人类的认知和与世界交流的方式提出了全新的挑战。找到现象之间存在的显著相关性，就可以创造巨大的经济或社会效益，而弄清二者为什么相关可以留待日后慢慢研究。

比如说我们要研究滨水的综合体项目的开发，我们随机选取天津海河东岸开发的综合体项目为例。单独每个项目的数据我们从网上很容易可以找到，孤立地看每个项目似乎收获不大。但如果利用这些数据进行项目之间的横向比较，我们就能够掌握一些重要的线索，进而总结出可以借鉴的设计思路，也可以看出水景对综合体项目开发的重要程度。海河东岸 CBD 由于天津市政府政策，吸引了嘉里、中信、中粮、渤海四大开发商，但是时任天津市规划局局长尹海林表示：将严格控制海河两岸的建筑布局，海河沿线将不再允许建设商品住宅。而住宅却是开发商重要的现金流的保证，对景观的要求最高，如何在满足政府的要求的同时不至于给自己造成被动呢？比较天津嘉里中心和天津万达中心的数据，就可以看出他们相应的对策。

天津嘉里中心总面积达 73 万平方米，一期 51 万平方米。包括 18 万平方米、61 层的精装住宅雅颂居，8 万平方米的天津嘉里商城，9 万平方米的香格里拉酒店。二期是 333 米高的甲级办公楼和服务式公寓。

天津万达中心总建筑面积 35 万平方米，其中 4 万平方米的超五星级万达文华酒店和 8.2 万平方米的甲级写字楼，10.7 万平方米的万达公馆，4 万多平方米的精品商业步行街。酒店高 98 米，22 层，单层 2000 平方米；商业写字楼高 195 米，共 42 层。

遵从政府的要求，嘉里中心临海河第一排安排的是香格里拉酒店，万达中心则是精品商业步行街，第二排安排的才是住宅。61 层的雅颂居提供 80 ~ 190 平方米的一居到三居室标准精装住宅，均价在 1.5 万 / 平方米，1 ~ 4 层是商业，5 层开始的公寓可以观赏到南侧的海河，是嘉里中心项目初期的现金流。万达中心初期的现金流则是精品商业步行街，独立商铺的面积 100 ~ 800 平方米，116 套，价格 3 ~ 5 万元 / 平方米。万达公馆定位为豪华住宅，主推户型为 248 平方米、300 平方米和 355 平方米的豪华住宅，382 套。对数据的简单分析就可以了解到不同开发商对相似位置的项目采取的不同的战略布局，景观对现金流有帮助，但住宅要符合总体布局的要求。

嘉里选取了商城，万达选取了商铺，虽然一字之差，但商城的招商是很头疼的一件事情，商铺相对简单。商铺的面积也要具体分析，万达中心的单套面积过大，一拖三和一拖四的占了 71%。平均单套总价在 1100 万元，最高单价 3200 万元，700 万元以上的高达 73%，给后期的招商带来了困难。这反映出开发商自身的能力和经验。

二者物业比例对比如下。

嘉里中心：住宅 18/73；商业 8/73；酒店 9/73；办公（该数据未找到，但是其实并不影响我们的分析）；

万达中心：住宅 10/35；商业 4/35；酒店 4/35；办公 8.2/35。

可以看到虽然项目的面积规模大小不同，但是相同的物业所占的比例却很接近，这是一个偶然还是规律并不重要，但对同类的开发项目具有一定的参考价值。进一步地分析我们还会有更多的发现，这些发现可以迅速应用到新的项目中去。

抱歉的是，其实在这里我们依然停留在小数据的观念上，我们仅仅简单地比较了两个项目。试想一下，如果我们得到上千个类似项目的资料，建立起数学模型进行比较，在计算机的帮助下我们将会完成一个项目预测的系统，帮助甲方对不同的业态组合方式进行风险和利润回报的评估。这将是一件多么令人激动的事情！当然这仅靠建筑师是无法完成的，它需要计算机专家、经济学家和统计学家的帮助。我相信，万达中心和嘉里中心的后面是无数个业态的组织方式的尝试和比较的结果，而这正是大数据的优势——借助数据的力量，预测并推荐。

也许有一天，我们只需将要求输入计算机，相关软件就会给我们一个答案，这已经在很多领域成为了现实。数据无疑将会节省我们的时间，但是设计不是简单的推理和演算，我们能够更有效地把节省出来的时间和精力投入到建筑设计中去，因为设计才是最终的呈现。如果仅仅满足停留在解决问题的阶段，那么建筑的魅力就会失去。我们相信"卓越的才华不需要数据"，像乔布斯这样的天才从来不考虑市场分析，更相信自己的直觉。但是更多的人天生不具备这种直觉，但借助数据的力量可以实现后天的弥补。"处处留心皆学问"的核心即是如此，通过精准的数据分析培养出直觉的判断。这也是大数据给我们的最大帮助，数据如果得到合理的运用，不单纯是为了数据而数据，它将是强大的武器。

巴黎街角 2002 年（刘建）

国家历史文化名镇"遭劫"该有人管

——"上古盐都 宁厂古镇"保护发出预警

金磊

早听说,重庆市巫溪县东部的大宁河畔,只剩下唯一一个三峡工程建成后保存完整的古镇,它不仅有丰富的"吊脚楼"民居群还有保存完好的千年造盐作坊遗址。2013年7月3日,中国建筑文化遗产考察组一行驱车500公里,自重庆市造访此地,这个距巫溪县城仅6公里的宁厂古镇果真名不虚传。古镇建筑群看上去足有3.5公里长,南北高山横亘,东西峡谷透穿,街道偏窄,依山傍水,三面板壁一面岩,吊脚楼临河而建,或单一状,或多组在一起,很有特色。但细观却发现,吊脚楼及街巷的人已稀少,绝大多数(至少有百十间房屋)已无人居住,但仍可见三五成群的村民聚在一起议论。见到我们一行,大家纷纷迎过来,攀谈时才知道:宁厂古镇镇政府正与外界合作,以打造古镇新景区为名,正在拆掉沿河古建筑,欲盖起仿古建筑群,速度之快、规模之大令人发指,这分明是在上演从中央到地方都在反对的"掠夺式"建筑遗产破坏性改造的恶作剧。

重庆巫溪始于汉建安15年,古城"巫咸古国,上古盐都",今为国家扶贫开发重点县,三峡库区移民县,被重庆市政府定位为重庆的"秦楚之门"。其历史文化与生态文化得天独厚,有三峡生态明珠及巫巴文化故乡的美誉。沿大宁河这"百里画廊",不仅可见秀水、幽峡、奇峰、怪石、悬棺、栈道等景致外,更有宁厂古镇、蔡伦造纸式的人文古风浓郁的深厚文化。宁厂古镇系巫溪县北部重镇,是我国历史上的早期制盐地,同时也是巫巴文化的孕育地。宁厂古镇地处大巴山东段南簏渝陕鄂三省结合处,是大宁河支流后溪河畔,镇上建筑古色古香,多为石木结构,路为青条石,古老而淳朴,在当下中国也属少见的原汁原味的古村落,2010年12月被评为中国第五批历史文化名镇。清代王尚杉诗曰："沿江断续四五里，翁岩筑屋居人稠。"大约5000年前，在这块土地上发现了盐，清澈的大宁河水，伴随着纯白的宁厂盐泉，养育着世代宁厂人，事实上以长江三峡为轴心地带的整个川陕鄂地区，皆为

不该拆的传统建筑群（摄影／金磊）

仰食得天独厚的巫溪盐泉。据史料记载，到清乾隆三十七年，宁厂全镇已有336眼灶，均燃熬盐，有"万灶盐烟"之美誉，1949年前后盐厂还有99个灶，但到1988年北岸上段和南岸下段灶逐步废除，1992年后宁厂盐灶均停止生产。虽然，宁厂古镇的发展历史可形容为：因盐而盛，因盐而衰，但这不能成为宁厂古镇古建筑群遭劫的理由。谈到古镇正强行拆毁的现状，几位村民的话令我们很感动："镇政府要逐户给十几万至几十万不等，让我们搬出老房子，但我们不愿意，我们认为这些看上去破旧的房屋最有历史感，只要加以修缮，只要在保持原状外观的情况下，对内部加以改造，这样的老宅会吸引更多的游人。但如果将它们彻底毁掉重建，那就没有了历史，游人绝不会喜欢这些假古董的……我们这些祖辈在此生栖的村民，宁要老屋，也不愿用它换钱！"当谈到制盐技术与工艺的保护与传承时，他们脸上泛出自豪与骄傲的目光，"应该恢复这盐厂技艺，不让盐史失传，哪一位来访的游客不愿了解古代流传至今的制盐技术呀！同时，看着引卤方式及熬盐过程，游客还会带回几袋原始工艺制作的盐，因此我们呼吁万不可将制盐工厂改作他用。"

面对青山作证的宁厂古镇及正拆除的老房及盐厂几乎倒塌的厂房，面对村民们迫切要挽回古宅命运的迫切目光，我想到同济大学阮仪三教授曾列举的一组数据，相信对剖析并认知这个正在发生的拆除事件有用：过去的凤凰古城是美丽沱江边的一座安静的边城，有13座古老的吊脚楼，可现在有130多座，其中有100多座是假的；在北京有多处街道号称明清一条街但多数是假的；昆明的三条历史街区都被拆除了，仿建的牌

但愿这"口号"能代表政府的作为（摄影／金磊）

坊用上了钢筋混凝土，这个"名城"的帽子该摘了；江苏徐州沛县是汉高祖故里，当地造了一条复古街称"汉街"，试问，汉代有街吗？过去的大同市长耿彦波全力打造辽代城市风光，建起并修复了辽代建筑，但却没有辽代民居。至今全国尚有 27 个国家级历史文化名城未编制保护规划，而现有的规划也未从实际出发，盲目照搬。如宁波郁家巷历史文化街区规划就有原则性错误，它简单套用上海新天地模式，建设过程造成巨大文脉破坏；对此，已获殊荣的全国历史文化名镇宁厂古镇，为了所谓的吸引游客，而竟然大胆拆真古董、做假古董，如此的保护，中国的古城、古镇、古村落是保不住的，说到底就是对自己的文化不尊重、不自信。据此，我对宁厂古镇保护与传承有三点建言。

其一，要立即停止拆除宁厂古镇古建筑的做法，各级领导要真正自省"拆真作假"的做法是我国城镇化建设中国家严厉杜绝的行为。对于破坏历史文化名城、名镇的行为，对造"假古董"的做法，不仅要取消其房屋所有权，不仅要罚款，更要重典入刑。同时，要有责任审查为什么用上级拨付的建设费用，只建假古董，不修复保护老房子；既然是住建部与国家文物局颁发的国家级历史文化名镇，重庆市政府就有责任率先保护，绝不能让其再恶搞下去，即必须强调对宁厂古镇的遗存的合理保护与利用原则"挖掘历史遗迹、保护文化遗产、延续传统文脉、永续合理利用"，着重对古镇建筑遗产提出利用要求和方式，重点体现文化价值、社会价值及经济价值，从而促进保护与发展的良性循环；进一步讲，古镇古村保护不是仅表面修缮房屋、恢复旧貌，更重要的是要恢复文化、生活、习俗等，让后一代传承村落所代表的文化遗存和精神价值。

其二，宁厂古镇保护需要的是整体规划。这里强调的整体保护，指不可"貌合神离"，即不要"名义"的保护，反对"病态"的传承。在宁厂古镇古建筑群保护上，外立面不可做任何变化，要视其历史功能做充分的文化遗产保护规划，保持必要的原住民及生活方式等；在盐文化保护与利用上，至少在盐加工厂建立"盐文化博物

已开始拆除的传统建筑群（摄影／金磊）

馆"，不仅要展示盐业发展与没落的时代变迁，更要传承盐制作工艺，也包括构建家庭式盐业作坊等。要从根本上改变古建筑保护上的危险状况，如要警惕古建筑修缮费用，不可成为遗产保护的灾难。如某省在1年之内，将同一时代的30多个古塔全部修了一遍，使这些原来看上去古旧逼真的文物变成了让人不可接受的光鲜"古董"。对宁厂古镇的保护原则是必须坚持："带病延年"而非"返老还童"，更不是新一轮造假。

其三，国家要为发展城镇化再明确必要的文化保护政策，即做到新型城镇化要依托文化遗产保护策略。如何让全国的历史文化名城、名街、名镇保护少些假古董，不仅不能建假古董，还要对原住民做"活体"保护，任何美其名曰的"搬迁新居"都是将古村古镇自古形成的"生命态和生活态"给迁移走了。对珍贵的宁厂古镇及盐厂，重在如何使之"起死回生"，而非继续加以毁灭。如果说当年三峡工程的大规模迁移，已使文化遗产为此让路是迫不得已，那么今日宁厂古镇如此大规模的"掠夺式"改造与开发背后的利与忧又是什么呢？全国人大刚刚通过要修编《文物保护法》的决定，我们呼吁要将全国历史文化名城、名街、名镇的保护，要将工业遗产、农业遗产、20世纪遗产、建筑遗产等保护门类纳入其中，各级政府应承担起保护和传承的重任，切实保护好业已不多了的村镇遗址、遗迹与迹物，切不可让今日历史再留下一段新的空白。

2013年7月6日

（中国文物学会传统建筑园林委员会副会长）

怎么就可能把建筑看得和做得明白一点?

——拜访广济寺法师进一步确认了"自在生成"的实践意义

布正伟

和一位有智慧的法师交流,印证了
"自在生成"是看建筑和做建筑可
参照的一种境界、方略和途径,建
筑师不能因为创作中会遇到人为的
障碍,而放弃本该做出的努力……

1996 年作者与留学斯里兰卡的研究生
北京广济寺法师合影

1. 听到"法无定法,非法法也"一说,觉得新鲜、解渴,更激发了我对解放"建筑个性"的期待。但现实无情:无制约的"个性表现"只会带来很糟糕的结果……

20 世纪 60 年代中期,当我走进设计院时,"建筑"就是"三要素 + 双重性",一点都不复杂。即使到了 20 世纪 70 年代末,建筑学术界开始活跃起来,提出"千篇一律"的问题时,我还是想得挺简单:不就是打破设计思想的僵化吗? 1985 年年初,我由北京市土建学会"中国及外国建筑历史及理论专业委员会",转入新成立的"建筑理论专业委员会"[1],这就让我多了一些获取新信息的机会。有一次学术活动议论到当时建筑创作的僵化模式时,吴唤加先生提出要解放思想,并引用佛教文化中"法无定法,非法法也"这句名言,来说明建筑创作不能公式化,而应该探索有利于创新的设计思想和设计方法。吴先生的话让我茅塞顿开,不仅一下子就记住了"法无定法,非法法也"这句话,而且,还同后来又知道的"无法而法,乃为至法"(清代画家石涛语)很顺溜地串联在一起了——没想到,这 16 个字后来竟成了指引我探索建筑创作奥秘的"风向标"。确实,"法无定法,非法法也"更激发了我对解放"建筑个性"的热切期待。1985 年,在北京由戴念慈先生主持的学术讨论会上,我发表了"要提倡建筑个性"的意见[2]。在勒·柯布西埃 100 周年诞辰时,又在华中工学院建筑系主办的纪念大会上,做了题为《自在表现——在各流派之间延伸的创作之路》的演讲[3]。其中讲到,不要跟在国外建筑流派屁股后面跑,要有自己个性化的追求;同时还强调,要让这种追求显得"自在"而不拘一格——正如"熊就是熊样,熊样也是一种美"的审美境界那样……

然而,这种世外桃源般的心境,没有多久就消失了。这是因为我看到了,改革开放初期,在西方后现代建筑思潮的冲击下,国内各地就像山东威海市那样,要搞"一个房子一个样"——让不受任何制约的所谓"个性化建筑"到处招摇。这样一来,就只能给城市建设和环境创造带来很糟糕的结果。事实说明,"建筑个性的解放"虽有打破"千篇一律",不想随波逐流的动机,但毕竟缺少坚实的理论基础和可供遵循的设计参照系统,因而,这就必然会导致各行其是的混乱局面。当自己身处这种窘境时,我这才算是真切地感受到,进入信息化社会以来,我们常说的"建筑",确确实实是变得"复杂"起来了。

2. 20 多年前,在美国西雅图看到了一个"叠加"建筑设计思路的案例操作,这给了我莫大启示:在以此为鉴的类比中,去潜心探索"自在生成"原理与机制……

1986 年我赴美作航空港专题深度考察时,不仅与美国著名的 TRA 国际公司交流了航空港规划与设计方面的经验,而且,还仔细参观了他们的设计公司。其中,一个不起眼的设计实例演示让我难忘,并由此得到启示——我从"自在表现"即兴式的情感舒放,转向了"自在生成"可持续的理性思辨……

1980 年以来，作者一直在不断地想着和做着一件事情：怎么就可能把" 建筑"
看得和做得" 明白"一点……这是 1981—2010 年" 自在生成"建筑创作实践（未
包括城市设计实践）在部分大中小型建筑作品中留下的总体视觉印象，在一定程度
上反映了自己对建筑的心灵感应，其中 7 个作品（含建筑群体）先后载入了《世界
581 位建筑师》（日本 TOTO 出版，1995）、《中国现代美术全集·建筑艺术 4》（1998）、
《中国现代建筑史》（2001）、《建筑中国六十年·作品卷》（2009）等建筑文献。

这是一个不足 1000 平方米的小型文化建筑，坐落在郊区丘陵缓坡的绿地上。先是分别出现的几张片子，每张片子所反映的平面设计的不同结果，是按不同的参照因素去做的。这些参照因素是：与地形相适应的布局方式，与郊区道路的便利联系，朝向和通风的良好条件，坡地植被的充分利用，环境景观的最佳效果等。这样，每张片子所表现的平面设计的不同结果，都是由我们对建筑平面进行"分解设计"得来的。那么，如何才能拿到最终的设计答案呢？这就需要把这些片子"重叠"起来查看——以透明片子上设计图叠加后的重合部分为参照，在透明片子之间交错移动的观察过程中，通过综合考量和整体协调，去找到形式上尽其完美，而又有尽可能多的重叠覆盖范围的图像。在这个最佳平面设计结果的基础上，便可以去完成它的后续设计了。

诚然，如今像这样的设计运作只是小菜一碟，算不了什么。但 20 多年前，CAD 还是许多人的梦想时，这个案例设计的策略和大体思路，却与当今建筑参数化设计原理的初始概念有异曲同工之妙。也正是这样的初始概念，让我抓住了"看建筑"和"做建筑"的两条基本脉络：一条是"分解"——对建筑的整体概念进行拆分，即从不同视角去解开建筑整体的构成之谜；另一条是"整合"——汇总由分解思路收集到的与设计相关的各种信息，并在综合与协调的权衡、取舍、完善中，"整合"出我们所希求的"建筑之果"来。

3. 我对建筑的"分解"研究是从《建筑的生命》开始的，其后借助于理论知识和创作经验的积累，便一步步地建构了从不同视角去洞察建筑的理论框架……

我的建筑悟性，最早是来自对"建筑何以有生命"这个有趣问题的琢磨[4]。建筑虽属"物质构成"，但却是"精神铸造"的。这样，建筑生命的答案自然就在"精神"之中。再刨根问底，就刨到精神中的"理性"部分和非理性中的"情感"部分上来了。当作为建筑基因的"理性"（要求）和"情感"（要求）能适配地碰撞在一起时，建筑就获

烟台中国海花园广场中标方案（1995年）

珠海鑫光大厦设计推荐方案（1996年）

北京人定湖碧波楼实施方案（1994年）

20世纪90年代中期，为了力求克服建筑语言运用中固有范式和流行模式的束缚，以及由此而带来的审美疲劳，作者结合建筑的功能性质、所处自然环境与人文环境，特别是在区位、地形、控高、景观等方面的特殊制约条件，运用"自在生成"原理及其运作机制，对建筑语言系统进行的务实性探索举例，其中北京人定湖公园碧波楼已进入施工设计阶段，后因故停工下马。

得了能产生良好社会效应的活力，而正是这种活力的延续，才构成了建筑的生命力。到了1990年，我从"自在表现"走向"自在生成"的研究时，有一个弯子转得正是时候：以前自己总想在"建筑的生命来自哪里"这个问题上找答案，其实，这就是从"建筑本体"这一面去看"建筑起源"的一种思量——这不正是以"建筑哲理"的眼光，去寻找到的"分解建筑"的第一条线索吗？沿此文脉，其他"分解"线索自然也就可以相继找下去了。在1990年至1998年设计工作之余的时间里，我一步步地从建筑自在生成的本体论、艺术论、文化论、方法论和归宿论五个方面，构建了如何去看建筑和做建筑的理论框架系统。这期间，还穿插了下面要谈到的专门拜访一位佛教文化界资深学者的安排——这是一个十分重要的环节，《自在生成的归宿论》这一部分，就是在他的启发下得以展开和深化才完成的。

4. 带着"自在生成论"纲要能否回答如何看建筑做建筑的问题，我登门拜访了要去斯里兰卡留学的法师，他那由浅入深又极富哲理的讲述，让

我如获至宝……

1996 年在海南参加三亚南山文化旅游区总体规划评审会时，我认识了一位佛教文化界的资深学者——北京广济寺一位准备去斯里兰卡留学研究梵文佛经的中年法师（据他讲，梵文佛经只有在斯里兰卡和美国的图书馆里才能读到）。回到北京后，我去广济寺专门拜访了他。我们的交流开门见山，他是从"茶壶"说起的："你看，茶壶很简单吧，但你只从上面看壶盖，或者只从下面看壶底，或者只从它的正面、背面、侧面去看，都不能看到茶壶的全貌。还有，如果不把茶壶放到一个我们所熟悉的桌子或茶几上，只是看它孤零零的一张照片，你能知道它究竟有多大吗？"

这位充满智慧的法师进而说道，"建筑"也和世上的各种事物一样，要想看清它混混沌沌的面目，就不能只从一个点去看，而要从前前后后、上上下下、左左右右、里里外外各个方面、各个点去看。当你把它的本来面目看明白之后，不管它再怎么变，你都不会被它的各种表面现象所迷惑了。这位学者十分赞同我从建筑的本体论、艺术论、文化论、方法论以及归宿论这些基本的哲理方面去认识建筑的想法。他认为，从各个方面去看建筑，就不会钻牛角尖，就会变得聪明起来。他说："这样的话，我们就会得到一些在通常情况下得不到的想法。当进入非常辩证的思想境界时，就像你说的那样，会认识到建筑创作'有界也无界''有法也无法''有我也无我''自在也不自在'，这个时候，你就自然而然地靠近'禅'的境界了……"

听到"禅"字时，我有点瘆得慌：该不会是在说"唯心"的东西吧？接着，这位法师又讲到了建筑创作中的"因缘关系"和"圆融境界"，听到这些，我心里踏实了。在法师的眼里，建筑产生的机缘、依据就是"建筑因缘"，其中，"因"是指建筑生起或败落的内部条件或主要条件，"缘"则是其外部条件或辅助条件。他讲道，正因为要从各个方面的"因缘"关系去看建筑，所以，做建筑就需要讲究"圆融"，要把从各个方面吸纳的东西圆满地融为一体……当我把法师的这些精辟分析和我原先的构想作了对照之后，我确实有如获至宝的感觉。下面文字格式的表达，一是想说明这位法师所指点的方略要义，恰恰是与"自在生成"的基本原理一脉相通的；二是想就此机会，亮一亮"自在生成"理论中的五条基本脉络。

通过分解去梳理 建筑的因缘	通过整合去完成 建筑的圆融
从本体论看建筑的因缘: (理性与情感的相互关联) 建筑如何成为"生活容器"? 参见《自在生成论》第一章	从方法论看建筑的圆融: (随机与随意的相互关联) 建筑师需要什么操作概念? 参见《自在生成论》第四章

在混成变化中寻求作品的自在品格与自在表现

从艺术论看建筑的因缘: (空间与环境的相互关联) 建筑如何成为"环境艺术"? 参见《自在生成论》第二章	
从文化论看建筑的因缘: (内涵与外显的相互关联) 建筑如何成为"文化载体"? 参见《自在生成论》第三章	从归宿论看建筑的圆融: (跨越与修炼的相互关联) 建筑师需要什么自律要求? 参见《自在生成论》第五章

"自在生成"原理与运作机制简析

基本脉络: ① 结合建筑性质等工程条件,理清建筑设计中理性容量与情感容量相互适配的"比重"关系,进而权衡该"量身制作"的建筑作品的表现张力与创新层级; ② 从设计构思一开始,便将建筑空间形体放在内部环境与外部环境的"全境界"中去揣摩、消化,使建筑作品始终以"环境艺术"为其衣钵; ③ 从人类整合文化学构成中的物质文化、精神文化及其中间层——艺术文化这三个不同层面,去把握建筑外显特征系统的形成,使建筑所应具有的文化气质、艺术气氛、时代气息这"三气"不可缺一地融于一体,而其中由作品所处自然环境与人文环境所决定的建筑文化气质,应是建筑表现中的外显特征之魂; ④ 对来自以上三个方面的建筑审美信息进行整合,其间,通过随机性和随意性的互动、常规变化与异常变化的穿插，去悉心地寻求建筑出场亮相时合宜得体的风貌、姿态和表情；⑤ 面对客观上的各种人为障碍，让职业建筑师的修炼之功找到真正的归宿：在应对各种障碍的有智慧的周旋中，赋予作品尽其真实而又完美的建筑价值，以造福普世众民……

5. 尽管我十分看重那位法师的经典指教，但更时时不忘建筑实践是检验建筑理论的唯一标准。由检验认识到，对《自在生成论》原著要从三个方面去作弥补。

在出版社一再催促下，《自在生成论》于 1999 年出版了 [5]，因对文、图及其版式都来不及作必要的修改和调整，自己很为质量问题深感内疚。在这前后，一些建筑名家都曾为我研究的这个理论课题发表了评论，使我受益匪浅 [6][7][8][9]。10 余年过去了，通过在建筑实践中的"耳闻、目睹、手做、脑想"，我深感《自在生成论》原著中至少有三大不足之处，极有必要作出弥补。

（1）《自在生成论》中所用的一个关键词——"自在"，既有哲学上的深刻意味，又有佛教文化的浓厚色彩，还带有通俗化的口语气息（如"图个自在""别找不自在"等），所以，这个概念相当复杂，容易让人望文生义，产生误读。原著的缺憾是，没有一目了然地指出，这里讲的"自在"含义具有双重指向：一是指建筑师在创作时，所进入的那种实诚无邪、情静志远、收放自如的心态或心境；二是指建筑作品在"亮相出场"时，所展现的那种来自合宜得体状态的物境或语境。说白了，建筑的"自在生成"，就是在一定条件下，这种创作心境与作品语境不断"相互渗透，彼此糅合"的过程。这里，建筑师在创作心理上的"自在"，正犹如"任凭风浪起，稳坐钓鱼船"那样，是由建筑师职业上的特殊文化心理结构铸就而成的。要知道，这将非同小可：建筑师一旦能进入这种境界，那就一定能在自觉的"周旋"中，有智慧、有耐力地去应对现实中诸如"瞎指挥""乱弹琴""穷干扰"之类的人为障碍。相反，如果我们没有这种境界，缺少来自这种境界能得以"周旋"的智慧和耐力，那就自然会"两眼一抹黑"，随波逐流了！应当承认，即使是在没有放弃这种宝贵努力的情况下，我们也不一定就能取得满意的结果。但要是因噎废食的话，我们恐怕就连做出来的东西"不出丑"这个标准也保不住了……

在城市设计中运用"自在生成"原理，探索城市空间形态与环境意象举例：在对临沂市北城核心区中轴线南段两侧空域进行设计调整的同时，将南段中轴线概念性城市设计定位于市文化建筑群落空间形态构成的开放式城市公园（2008—2009 设计，目前已先后建成文化中心、展览馆、博物馆，大剧院正在施工之中）

（2）通过建筑实践的各种检验方式不难发现，"建筑文化"表现的误区比比皆是。我越来越意识到，在《自在生成论》原著中，只从"人类整合文化学"构成中的物质文化、艺术文化和精神文化三个层面，去论述建筑文化内涵及其外显特征系统是远远不够的。这是因为，伴随着人性的复归、个性的膨胀，以及设计竞争的白热化，无所不及和无处不讲的"文化"，往往会成为用来掩盖那些迂腐观念的"遮羞布"。建筑也不例外，诸如削足适履地做造型，画蛇添足地讲故事，牵强附会地作象征，忸怩作态地搞特色等，都可以拿"文化"来说事，似乎没有什么东西是建筑不能做的！显然，这就让"建筑文化"的表现完全变成了"杂耍把戏"。应当指出，"自在生成"的艺术论原理与文化论原理，都应该是以其本体论原理为其根基的，只有首先把建筑"自在生成"的本体论搞明白了，把建筑中"理性容量"与"情感容量"是如何关联、如何适配的问题弄清楚了，我们才能真正懂得，在建筑中，凡涉及"艺术"和"文化"方面的事情，哪些能做，哪些不能做；能做的，怎么才能做得上水平；不能做的，怎么才能不被决策者钻空子。

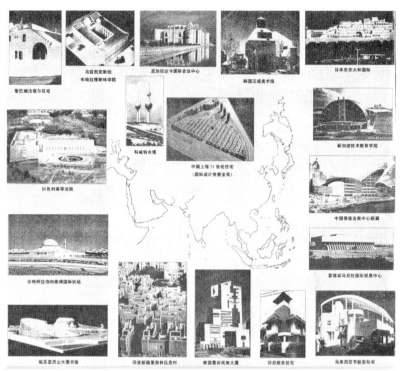

黎巴嫩法塔尔住宅　乌兹别克斯坦布哈拉穆斯林学院　孟加拉达卡国际会议中心　韩国汉城美术馆　日本东京大和国际
科威特水塔　中国上海21世纪住宅（国际设计竞赛金奖）　新加坡技术教育学院
以色列高等法院　中国香港会展中心新翼
沙特阿拉伯利雅得国际机场　菲律宾马尼拉国际贸易中心
埃及亚历山大图书馆　印度新德里奥林匹克村　泰国曼谷民族大厦　印尼班东住宅　马来西亚节能型私宅

东方世界建筑的"自在生成"之道，是走向现代建筑复兴的必经之途（选自布正伟著《自在生成论》一书）

（3）20世纪80年代中期之后，包括解构建筑之说在内的西方后现代主义建筑思潮在中国的传播、泛滥，正是《自在生成论》研究和问世的时代背景，这样，我便在正书名下附加了一个提示性的副书名："走出风格与流派的困惑"。进入新世纪之后，"风格与流派"已渐渐从建筑语境中淡出了。然而，"随波逐流，抄袭模仿"却依然如故。对照长期以来建筑实践中所出现的负能量来看，"自在生成"的基本观点和核心思想，既有现实性的一面，也有前瞻性的一面。在"以资源拼形象"之风盛行的今天，如何运用"自在生成"原理和创作方法，去探索"资源共享的最大化与最优化"问题，已经提到今天的日程上来了。应该说，"自在生成"的本质意义是在进行时态的解读，我们需要结合不同时期建筑发展的实际情况，不断地去丰富它的思想内涵。因而我想，将原著《自在生成论》的副书名"走出风格与流派的困惑"，改成"以不变应万变的建筑之道"，应该说是与时俱进、讲得通也行得通的。

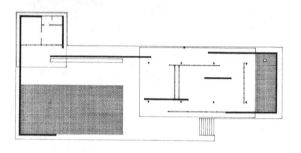

现代主义建筑大师米
斯·凡·德·罗的自在建
筑绝唱——巴塞罗那展览
馆（1928-1929年建造，
作者拍摄）：展览馆外景、
水庭及平面

6. 我戴着"自在生成"的眼镜看自己看外界，真真儿地看到了世上美好建筑各种各样的"自在表情"，不得不叹服："自在生成"的建筑生命力是不可限量的。

我戴着"自在生成"的眼镜看自己，一方面看到了自己做了一些明白的设计，给城市留下了一些得到社会认同的集体记忆；但另一方面，也清醒地看到了自己的能力有限，加上可利用的创作资源不足，时常有力不从心、停滞不前的感觉。好在我对"自在生成"的悟道践行从未中止，把"该说的"差不多都说了，"能做的"也还在做着。然而，留在心中的愧疚却挥之不去：深知自己"做的"与"说的"相比，那差距可不是一两句话就能掰得清的。

我戴着"自在生成"的眼镜看我们，一直在享受着那些有出息的建筑师们在自己作品中所体现出来的"自在精神"。从建筑界第一、二、三代的老前辈们，到我们这些第四代的建筑师，再到改革开放后所造就的新生代同人们，尽管所处的时代背景不同，文化底蕴、思想观念、审美意识都相差甚远，但我们仍然可以发现，从过去到现在，都有人能够创造出"讲因缘和内蕴，重圆融和整合，赢适度和得体"的建筑作品。这些富有"自在品格"和"自在之美"的建筑，其艺术感染力和审美价值，都不是当下偏执造势中的那种"夸张性、冲击性、标志性"所能比拟的。有一点挺清楚：在当前和今后设计竞争的态势中，我们最容易粘上的毛

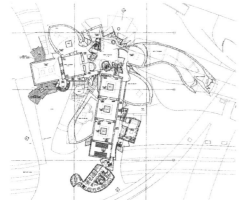

后现代时期解构建筑大师弗兰克·盖瑞的自在建筑成功之作——毕尔巴鄂博物馆（1997年建成开馆）：博物馆外景、中庭及三层平面

病恐怕就是把建筑"做过了头"，搞得建筑"越来越不自在了"！

我戴着"自在生成"的眼镜看世界，首先看到了，20世纪80年代以来，反映本国历史文脉和地域文化时代特征的东方世界建筑，极有说服力地证明了"自在生成"之道，乃是东方现代建筑复兴的必经之路，也是东方建筑文化传统能得以发扬光大的理念根基所在。当我在阅读西方世界建筑不同流派的作品时，也为自己发现了不同范本的"自在建筑"而感到欣喜，这些"范本"已成为或正在成为"历史珍品"。从"自在生成"的基本脉络来看，身处不同时代而其思想又水火不相容的米斯·凡·德·罗和弗兰克·盖瑞，都奇迹般地给西班牙留下了"自在建筑的绝唱"：一个是以极其简洁的空间形体，诗情画意般地与皇宫周边的景观元素融为一体的正统现代主义经典之作——巴塞罗那展览馆（1928—1929年建造）；另一个则是巧妙地以理性为依托，收放自如地掌控建筑形态的变化，与河

1998年《自在生成的方法论》获美国科尔比科学文化信息中心颁发的优秀科学技术论文证书

面、码头、大桥、公路大环境和谐相处的解构主义巅峰之作——毕尔巴鄂博物馆（1997年建成开馆）。然而，我们也不禁要问，为什么在米斯和盖瑞各自的创作实践中，也同样都出现了那些因"形式化"而失去了"自在品格"的建筑作品呢？

20多年了，我对"自在生成"探索的痴迷，可以说是到了"死磕"的地步。这也许就是建筑视界拓展后，总有一种审美上的潜意识——"自在生成之美，才是天地间的大美"在支配自己思维的缘故吧。我常常在想，这地球上的建筑，要是像覆盖着大地的绿色生态植物那样该多好，因为它们可以得天独厚地靠着当地的种子、土壤、雨露、阳光、空气去自由自在地漫延、生长——它们既是那样地千姿百态，又是那样地融为一个铺天盖地的整体……所以，看壮阔绚丽的大自然，要比看细作精养的小花园有诗意多了！正是这种潜意识让我觉得，在现实生活中看大师的名作，即使有许多是好的，但数量毕竟有限，而且，分布得又七零八落，真要想欣赏，还得东跑西颠，哪像是坐在图书馆、资料室里，一页页连续地翻阅他们各自的"作品集"时那么痛快、过瘾呀！事实上，大师们星星点点的建筑名作，尽管可以提升一个混乱城市的知名度，但却绝对挽回不了它的整体风貌。所以说，在活生生的现实中，真正能填满我脑子里的那个"自在建筑"的世界，主要还是自己在国内和国外看到过或体验过，但却说不清建筑名称，更叫不出设计者姓名来的那些留在我们集体记忆中的美好城市片段、美好建筑群落，乃至美好建筑孤品——这大概可以叫作"非建筑大师创造的亲和温馨的非常审美效应"吧！

我们可以看到，不论是在西方，还是在东方，有名的美好建筑也好，那些更多的无名的美好建筑也好，它们在特定的环境中展示出了各种各样的"自在表情"：亲和的，庄重的，浪漫的，沉静的，高雅的，波普的，欢快的，悲哀的，惬意的，幽默的……如此大千世界的"自在建筑"让我们心悦诚服："自在品格"可以超越风格，"自在精神"可以超越流派，"自在生成"可以超越时空——正因为能这样充分地展现由"多元性""包容性"和"跨越性"构成的宏观建筑生态景象，所以，我们在这里可以很自信地说："自在生成"的建筑生命力是不可限量的，通过以不变应万变的"自在生成"之道，我们不仅可以把握建筑个性化表现的方略、途径和方法，在与此对应的社会评价中找到自己的位置，而且，更具有无与伦比的那种普世创造价值——能够将自己的建筑作品，完全融入到具有正能量意义的美好建筑世界中来……

2013 年 7 月 12 日 齐活儿 于芳草地阳光 LAOK 之角

注释

[1] 1985 年 2 月 9 日北京市土建学会成立了与"国内国外建筑历史"分开的"建筑理论专业委员会"，记得刘开济、吴焕加、傅克诚、马国馨、王天锡、王伯扬等人都在名册之中。

[2] 发言中讲的观点和内容经加工整理，写成了文稿《大家都要有自己的——建筑个性解放的大趋势》，并配制了两个页码版面的系统插图，发表在《建筑学报》1985 年第 4 期上。

[3] 见《自在表现论——在各流派之间延伸的创作之路》，发表在《新建筑》1988 年第 1 期上。

[4] 见《建筑的生命》，载《建筑文化思潮》论文集第 19—48 页（洪铁城主编，上海：同济大学出版社，1990 年）

[5] 见布正伟著《自在生成论——走出风格与流派的困惑》（哈尔滨：黑龙江科学技术出版社，1999 年）

[6] 见邹德侬、曾坚著《论布正伟建筑师的创作理论体系"自在论"》，原载《建筑学报》1996 年第 7 期，后收入《邹德侬文集》（武汉：华中科技大学出版社，2012 年）

[7] 见马国馨著《无法而法求自在》，原载《世界建筑》1999 年第 12 期，后收入《礼士路札记》（天津：天津大学出版社，2012 年）

[8] 见张钦楠著《布正伟的自在生成》，载《跨文化建筑》一书第三章《中国建筑师探索跨文化的途径》第 93—94 页（商务印书馆，2009 年）

[9] 见陈志华著《『自在生成论』读后有感》，载《建筑百家评论集》（杨永生编，北京：中国建筑工业出版社，2000 年）

评丑胜于评优

——丑陋建筑评选的价值刍议

周榕

由畅言网发起的"中国十大丑陋建筑评选"活动迄今已持续进行了四届。从前三届评选过程来看，丑陋建筑评选的公众参与热度逐年高涨，社会影响范围亦不断扩展。随着越来越多的大众传媒和社会公众参与到这一话题的讨论中来，不知不觉间，丑陋建筑评选已经成为中国建筑界越来越无法忽视的民间意见营垒。

丑陋建筑评选，是建筑评优的逆向操作。追根溯源，建筑评优的本意，是通过评选机制对真正的优秀作品予以奖掖提携，将之树为明确的学习榜样，从而传播积极的建筑价值观。然而事与愿违的是，长期以来，中国建筑界的评优评奖活动，已经沦为官方或半官方主导的垄断性权力游戏，充斥着各种潜规则与场外交易，从而造成建筑审美的"制度性腐败"。垄断性审美本已褊狭，制度性腐败更积重难返，由此导致建筑评优的结果，既难以公正地擢拔真正的建筑佳作，更无法形成一个具有社会共识的、良性而稳定的导向性建筑价值体系。长此以往，中国建筑的各类评优评奖活动便逐渐失去了本应有的公信力与含金量。

在建筑评优不断贬值并日益失去其良性价值效应的背景下，丑陋建筑评选横空出世，其彰显的价值意义特别耐人寻味。对于久已习惯专业小圈子内评优游戏的中国建筑界来说，这种民间自发的、自下而上的建筑评丑活动既新鲜有趣又振聋发聩。连续四届丑陋建筑评选，当越来越多的所谓建筑名作以及出自知名建筑师之手的设计作品落入丑陋建筑的候选乃至终选榜单时，建筑界的反应是颇为复杂的：拍手叫好者有之、隔岸观火者有之、幸灾乐祸者有之，无动于衷者有之……更普遍的应激反应，是将丑陋建筑评选当成哗众取宠的谐谑游戏，从而对其嗤之以鼻。不少建筑专业人士以居高临下的姿态鄙薄丑陋建筑评选，其潜台词无非是质疑并贬损建筑评丑的价值。

那么，建筑评丑活动究竟有没有价值？笔者认为，丑陋建筑评选活动不仅有其自身不可替代的独特价值，而且其对中国建筑界的价值贡献甚至要远远大于建筑领域内的各项评优与评奖活动。具体而言，丑陋建筑评选对于当下中国建筑生态的价值意义主要体现在以下四个方面。

一、繁荣建筑价值生态

对于建筑这样涵盖了社会、经济、政治、文化、技术、艺术等诸多文明领域的综合问题域而言，建筑的"美"与"丑"不仅是审美范畴内的一对伴生概念，更折射出其背后广阔的价值光谱，因此建筑的美丑问题绝非单纯的审美问题。换言之，一旦将建筑纳入文明的大视野考察，建筑的美丑问题便必然首先诉诸价值判断，然后才诉诸审美判断。

由于建筑的价值判断首先取决于评判者所立足的价值基点，因此在建筑的美丑争议中凸显的，往往是评判者价值站点的差异以及由此而带来的价值观念的分歧。在建筑评优活动中，由于在评委选择上往往倾向于选取专业背景接近、价值取向趋同的同质人群，因此建筑价值判断上的站点差异和观念分歧通常表现得不甚分明；而在丑陋建筑评选中，提名与投票者来自网络上四面八方的社会人群，故此建筑价值判断上的多样性与矛盾性就表现得特别突出。

举例来说，在历届丑陋建筑评选中，占据最大比例的入选者就是炫耀权力、财富和所谓专业创造力的建筑方案，诸如各式山寨白宫、山寨天安门、金钱符号建筑、广告建筑，以及设计者自鸣得意却早已沦为大众笑柄的各类"绰号建筑"。公允地说，如果抛开价值判断，单就审美而论，这些丑陋建筑的"获奖方案"在艺术上未必没有可取之处；至少，在这些"获奖建筑"的设计者、投资者和决策者的眼中，它们无疑是美的。但在官民对立、贫富悬殊、专业壁垒森严的中国现实社会语境中，这些赢得少部分"精英"青睐的建筑作品，却遭到了社会大众的广泛厌恶与无情嘲讽，其所映射出的中国社会的深层价值对立发人深省。

丑陋建筑评选，从与建筑评优完全相反的视角切入，无意中开启了建筑评判的一个新领域：它大大拓展了中国建筑界长期株守的狭隘的传统价值域限，进而为中国的建筑评价创造出一个崭新的价值参照系。建筑评丑打破了建筑评优所固化的自上而下的官方价值垄断，更杜绝了腐败的潜规则游戏。这一活动让长期被以"官、富、学"为代表的精英阶层所压抑的草根建筑价值观得以大范围展示其存在和力量。从社会生态的角度看，这些草根建筑价值观与精英建筑价值观同样需要理解和尊重，甚至需要更多的呵护与肯定。唯此，中国当代建筑才可能构建起一个健康而多元的价值生态系统，从而形成更为广泛的、具有社会共识性和公信力的建筑评价体系与价值导向机制。

创造性、多样化建筑创作的首要前提，就是需要有一个良性、多元的建筑价值生态环境，而没有建筑评丑的建筑价值生态系统无疑是严重不完整的。

二、增进多重价值沟通

从文明的视角看，建筑是文明共同体的价值认同中介与稳定枢纽，建筑包含着文明的底层价值观。然而，在文明转型期，社会的价值共识发生裂变，统一的建筑价值观也随之裂解；反映到建筑现象上，就是集体范式的崩塌和诸多有悖于大众常识的所谓"形式探索"的流行。

近年来，封闭于专业小圈子内的建筑师和社会大众的建筑价值观念渐行渐远。一方面，建筑圈内的孤芳自赏和相互吹捧愈演愈烈，另一方面，"大裤衩""秋裤楼""大肠楼""大铜钱"之类的讥声此起彼伏。面对不绝于耳的对于中国当代建筑的民间批评，建筑师们往往以专业为壕沟、用学术当旗帜、拿权威作盾牌为自己防御、辩护，甚至反唇相讥批评者是"愚民""暴民"。这种循环往复的彼此攻讦，令中国建筑界和社会大众之间的隔阂日益加深。

在建筑价值的裂变语境中，建筑评论愈益成为一种稀缺、可贵的价值沟通方式。而在所有的建筑评论中，丑陋建筑评选无疑是多元价值沟通中最富效率的一种。在这场充满"屌丝逆袭"意味的狂欢中，民间自发的个体意见不断得到其他匿名者的正反馈呼应，导致其原本并不那么自信的建筑价值判断得到大量同盟者的确认和强化，个体的微弱声响前所未有地汇成集体性的巨大声浪。当越来越多的社会大众在建筑问题上不再甘于扮演"沉默的大多数"时，以往在建筑领域一言九鼎的决策者、投资商、设计师和评论家们，不得不勉为其难地作出俯身的姿态，暂时倾听一下他们以往所不屑关注的来自社会其他人群的声音。

从长远看，这种由民间"倒逼"开始的建筑价值沟通是一桩大好事，多元建筑价值观念的展现、碰撞、交流与融合，不仅有助于建筑创作的多样繁荣，更有利于通过不同价值群体之间的相互理解与同情，增进文明共同体的凝聚力。丑陋建筑评选的意义，并不在于一张张富于挑逗性的入选榜单，而在于它以一种极端化的方式提供了社会不同价值人群之间意见与情感交互的话题平台。通过这个平台，评丑和被评丑的群体，都可以得到更多反思的机会。

从增加多重价值沟通的意义上看，笔者呼吁丑陋建筑评选，今后应将更多的注意力放到重要的大型公共建筑上来，因为只有这样的评选对象，才具有更广阔的社会多元价值观念交流的公众意义。

三、守护文明价值底线

在文明发展的转型期，会有一个特定的时段经历所谓"价值过渡"的痛苦——旧的文明价值体系已经崩塌，而新的文明价值体系尚未建立，因此价值观混乱是文明转型期的显著特征。值得注意的是，中国当下正处在这样一个痛苦的文明转型期内。权力意志、资本意志、消费意志无时无刻不在腐蚀文明的价值肌体，导致诸多以向权力、资本、消费献媚为特征的丑陋建筑流行一时。从某种意义上说，丑陋建筑的层出不穷，正传递着文明转型所经历的价值阵痛。

中国当下所经历的文明转型属于非自觉的无序转型，这种无序性也理所当然地波及到城市建筑领域，造成中国当下建筑价值观的严重混乱。丑陋建筑评选中反映出的建筑价值观混乱主要表现在两个方面。

其一，是建筑价值标准跌破社会大众的心理底线。最典型的例子，是沈阳方圆大厦、邯郸元宝亭、沈阳金厦广场、北京金泉时代广场、河北元宝塔等一批以直白、夸张的财富符号为形象的建筑作品。在中华文明历史上，如此赤裸裸地宣扬拜金主义的建筑风格可以说是前所未见，其对社会风气的毒害也一望即知。

其二，是打乱中国本土建筑文化固有的"有象有意、象意相生"的传统适配，丝毫不顾及建筑创作的"文化合法性"问题，把建筑的"象"变成抽象，"意"变成随意。由此导致社会大众对这些建筑产生了严重的心理抗拒，不得不用各种低俗的绰号来为它们命名。类似"大裤衩""秋裤楼""水煮蛋"一类的"绰号建筑"，其实是文明集体对背离了本土文化基本价值取向的建筑形式所发出的无声抗议。

丑陋建筑评选，守护的其实是文明的价值底线和文化内核，是文明在重新建构自身的进程中发展出来的一种"文明自洁力"的反映。建筑评丑，无意间形成了某种社会性的"底线威慑"，对文明共同体的社会底线价值起到了一个强有力的守护与顶托作用。甚至可以说，通过丑陋建筑评选，有可能发展出一种无形的社会监督机制，让原本肆无忌惮的丑陋建筑的炮制者们，今后在决策、投资和设计时对这种社会性的舆论导向有所顾忌甚至敬畏。

文明，是一个可以经由自组织进程而逐渐趋向健康的积极生态系统，这个生态系统不会放任自身的价值准则无底线地堕落下去。文明价值底线的确立，是文明价值的一切规则和秩序的基础。丑陋建筑评选的一大重要意义，就是为建筑这一文明共同体的普遍形式起到一个"价值筑底"的作用。

四、推动价值体系重建

建筑评丑，恰恰把中国建筑界长期回避的价值缺失问题揭示了出来——中国当代建筑乱象的根源，不是审美能力的低下，而是价值观念的混乱。建筑价值观问题在中国建筑界长期以来没有形成有效的反省、讨论与共识。迄今为止，中国当代建筑并未能建构起一个具有文明范式意义的独特价值体系，因此在全球化时代浪潮的冲击下特别容易随波逐流。

丑陋建筑评选，实质上是对中国建筑习以为常的诸多流行价值观念进行的一次思想拷问和社会检验，这种作用是一团和气式的建筑评优所难以达到的。例如：建筑的个体形式探索，是否需要考虑文明共识？这个最基本的价值判断，在建筑师和普通老百姓心里，有着截然不同的选择。在建筑师眼中，建筑方案理应是设计者极富个性的创作结果；而在普罗大众看来，建筑，特别是公共建筑，作为城市公器，显然必须适应城市大多数居民的普遍文化心理结构，而不能与其相悖，甚至刻意触犯某种文化心理禁忌，形成不够雅驯乃至低俗的形象联想。文明进化到一定程度，在其内部的各个文化领域都会发展出明确的禁忌规则，建筑创作不知"避讳"，本质上是文明程度尚不够高的表现。

综前所述，丑陋建筑评选活动，拓展了中国当代建筑的价值光谱，令多元化的建筑价值生态格局初步显现，增进了官、商、学与社会大众，专业与非专业领域，甚至专业领域内部的广泛价值观交流，让中国当代建筑在文明共同体意义上的价值底线得到确认。凡此诸种贡献，都切实地推动了中国当代建筑价值体系的重建进程，也因此令建筑评丑的文明价值意义远远胜于建筑评优。

（清华大学建筑学院 副教授）

上京故事（主图）（原图为彩色）（周榕、成婴）

建筑"评丑"也是正能量

——2013 第四届中国十大丑陋建筑评选研讨会现场侧记

冯娴

自 2010 年建筑畅言网推出首届"丑陋建筑"评选以来，"丑陋建筑"在社会民众中的影响越来越大，丑陋建筑的评选也越来越趋于完善。2013 年 5 月底，建筑畅言网召集评审专家举行评选研讨会，8 位评论与建筑领域的专家各抒己见，围绕"丑陋建筑"的成因、界定、评选的意义及活动的规则等问题展开讨论，研讨会现场气氛异常热烈，嘉宾态度彬彬有礼、辩论逻辑连贯流畅、论点针锋相对，不失为建筑评论界的一次精彩的研讨会。

第四届中国十大丑陋建筑评选活动流程为：2013 年 4 月 1 日前向广大设计师与网友征集丑陋建筑候选名单；4 月 1 日正式启动网络投票活动，将历时 8 个月，投票过程中亦可提供丑陋建筑候选名单；10 月，组织者将向权威学者、专家、艺术家、建筑师发出邀请，组建评审专家组；11 月 30 日评选结束并确定前 50 名候选建筑；12 月 20 日前，专家组在北京召开评审会议，评选出 2013 第四届中国十大丑陋建筑最终结果；12 月 31 日前，畅言网将联合评审专家组成员召开媒体见面会。活动伴有丰富多彩的活动，包括研讨会、沙龙、访谈、与建筑院所及民间的交流活动等等。

经评审专家组审议通过，丑陋建筑的评选标准为：① 建筑使用功能极不合理；② 与周边环境和自然条件极不和谐；③ 抄袭、山寨；④ 盲目崇洋、仿古；⑤ 折中、拼凑；⑥ 盲目仿生；⑦ 刻意象征、隐喻；⑧ 体态怪异、恶俗；⑨ 明知不可为而刻意为之。评选标准并非一成不变，随着对"丑陋建筑"认识的深化，评选标准也会随之变化。

会议现场（建筑畅言网提供）

时间：2013年5月31日
地点：北京，中国建筑设计研究院，"清雅茶事"茶馆
嘉宾：
王明贤，中国艺术研究院建筑艺术研究所副所长
布正伟，中房集团建筑设计事务所资深总建筑师
周榕，清华大学建筑学院副教授
曹晓昕，中国建筑设计研究院副总建筑师
车飞，超城建筑设计事务所创始人、主持建筑师
王永刚，中国国家画院公共艺术中心主任
马晓威，北京MASSA建筑设计事务所创始人
郑黎晨，九源国际建筑顾问有限公司总建筑师

现场实录内容：

王明贤：我们今天的丑陋建筑研讨会正式开始，首先请布正伟布总发言。

布正伟：丑陋建筑评选已进行过三届了，有成绩，也有反响。丑陋建筑评选的难度是许多人体会不到的。首先，评丑不像评优，不仅许多建筑没有亲眼见过，而且也缺少上报的设计资料，这样，就只好多听大家的意见，多凭直观作出分析。另外，网络评选常常会涉及国内外名家的作品，由于文化背景不同，设计理念不同，在建筑价值观上就必然出现分歧。还有一点，也该引起大家的注意：在已进入后现代文化发展时期的今天，对严格界定的"形式美概念"越来越淡漠，这同样也是"一个很大的变数"。举例来说，库哈斯设计的 CCTV 新总部大楼由主体和副体组成，他想突出表现的是，让主体下部腾空后，把空间留给"混凝土树林中的城市"，根本不在意主体和副体的整合，正如他在清华大学作报告后进行对话时跟我说的那样：没有时间去多考虑副体建筑了，这是在无意识中做出来的设计……再说说获得普利策奖的王澍建筑师吧，他有一种游离于潮流之外的"自在心态"，因而，他在建筑上的文人气质，便能充分地体现在环境氛围和空间意象的创造中，对材料的选择及其搭配的细节，也往往与众不同，这些都是他作品的特质所在，很值得我们琢磨和借鉴。不过，他在建筑形式美方面所过分展示的随意性或散漫性、不经意性，我却跟不上趟，甚至有不能舒心接受的地方。我说以上这些，是想让大家体会到，建筑审美或建筑审丑，常常都不是可以简单地去"打勾画圈"的选择题啊！

然而，我们不能知难而退。这是因为，丑陋建筑网络评选，是全社会参与建筑评论的一个极为重要的方面，可以说，这比只由建筑专家来作建筑评优，更要具有让建筑健康发展的根本意义。在现代化建设中，丑陋建筑正源源不断地传递着负能量，它们在大量地并后续持久地浪费着各种资源的同时，还造成了对环境无法弥补的破坏。建筑界行家们心理都有一杆秤：长期以来，由于"评优"中的"水分"太大，"蒙事儿"的不少，"走眼"的常有，所以，一些结果不仅让人啼笑皆非，更令人担忧的是，还往往助长了一些决策者和设计人"以资源拼形象""以假大空抢占形象高地"的畸形心态。实践已经证明，而且还将继续证明，"评丑"的警示作用，绝不是"评优"可以替代的！

这么说，我们该如何迎难而上？如何把网络建筑评丑做得更好？我想了一段时间了，大体上可以归结为三条。

第一，要把"求实"放在首位。评委要放下身段，既不能自以为是，又要独立思考，不随风倒。这样，我们才能真正挖掘出各种不同的想法，才能真正听到各种不同的声音。要敞开交流，充分沟通，对不同意见，甚至是反对意见，要格外关注，耐心分析，通过评委们的细致努力，去力求贴近被评作品的真实面貌和真实品质。此外，还应该归纳总结一下前三届的评丑准则，从中，我们可以找到几条讲"硬道理"的"红线"，凡是踩到了这些"红线"的对象，不论怎样，都在"犯规"之列。"红线面前，人人平等"——这种公正和透明，也是评丑中"求实"的一个重要举措。

第二，要鼓励"互动"。鼓励在台面上提出不同的看法，鼓励展开积极的批评与反批评。在这方面，有些建筑前辈就是我们的榜样。比如，我的导师徐中先生，20世纪50年代在东长安街上设计的外贸部办公楼，没有照搬传统的建筑式样，而是采取了借鉴的思路和提炼的手法，赋予这组建筑以质朴而亲民的风格。当时，梁思成先生认为这样设计不符合营造法式，不同意施工。徐中先生却坚持自己的意见：继承传统不能只盯着法式，不能离开创新。后来梁思成先生也认识到，既要继承传统，也要跟上时代。就这样，两人有过这么大的争论，但关系却没有因此受到影响。记得，我和师姐在研究生实习时，曾带着徐中先生特意写给梁思成先生的信，让我们去清华向梁老讨教。还有一个例子，彭一刚先生写的《空间组合论》出版之后，陈志华先生在发表的评论中，提出了很尖锐的批评意见。尽管彭先生不认同，并为此写了反批评的商榷文章，但对陈先生却一直很尊重，关系也很好。我把这两件事总是记在心上，希望对我们在"评丑"活动中的"互动"有所启发。

第三，要宣扬"共勉"。因为这是我们"评丑"的目的所在，也是我们要取得良好社会效益的必要条件。"共勉"有两层意思：一方面是，专家评委要把自己摆进去，特别是当建筑师的评委，要意识到我们在设计中，与"丑"往往就是"一步之差"。我们做建筑很难十全十美，而"不美"——或我们常说的"遗憾""失误"的地方，一不留神就会变成"丑"！当然，以"很难十全十美"为自己惹上了"丑"来作为说词，打掩护，这就"掉底子"了，因为这毕竟是两回事儿嘛！"共勉"的另一层意思，则是希望建筑界的名家名师们，对全社会的网络建筑评丑，给予热情的支持和指导，多多理解出现在这个社会大平台上的声音虽不一定很专业，但却是来自他们亲身的真实情感和希求，而不是"空穴来风"，更不是"捕风捉影"，再怎么着，我们从中总可以悟出一点"现丑"的硬道理。这个来之不易的社会大平台，如果离开了建筑界名家名师们的参与和互动，那就说明，我们的网络建筑评丑实践，还有很大的提升空间……

我期待，在上面讲的"求实、互动、共勉"的扎实努力下，畅言网担纲的建筑网络评丑活动，会一届比一届成熟、精妙、出彩！

全社会都在看着，我们的建筑在出场亮相的时候，是什么姿态？是什么表情？它想表现什么？它又想赢得什么？全社会各阶层的热心观众，就是这个建筑表演大舞台前的评审员。全社会都听到了一个响亮的声音："为美丽中国，大家都来共同呵护建筑美的创造吧！"

王明贤：布总总结得很好，很多人对丑陋评选有不同的看法，我们这次评选有两个重要的方面，一个是本次评选是对中国民众建筑审美文化的测验，另一个是存在一个问题，某些建筑也许很优秀，但由于民众审美的差异，就被认为是丑陋建筑，所以下一步应该如何去评成为关键所在。

曹晓昕：评选丑陋建筑之前，我们一定要考虑好评选的目的，这样我们才能建立一套评选体系。我认为导致建筑丑陋的原因中，建筑师仅仅是一小部分，比如在某个不合适的地段建了一座不合适的建筑，这样一种决策方式就与建筑师没有多大关系。"丑陋"这个词中"丑"是一种完全视觉化的形容词，"陋"还有另外一个含义，如做工不精、设计不精。而很多建筑的简陋，是在"装陋"，精心策划、故意为之，就像一句老话"非常小心地做了一些设计，又非常谨慎地花了很多力气把它们抹掉"，我想是不是应该做一下区分？所以建立一套较完善的评选体系很重要，实际上是在告诉普罗大众，什么才是真正的"陋"？陋可能有一个相对理性的体系去衡量，而告知他们什么是丑则比较感性、困难。这样一套体系的建立隐约地就能跳出视觉的范围，在一个新的层面上讨论，这样才能深入地进行挖掘。

周榕：评选丑陋建筑，开启了建筑评价的一个新领域，提供了一个新的价值评价体系，之前中国建筑的评选都是评优，即使评出来的优也不是真的优，是凭关系、是看谁势力大。近年来，有两个奖受到了很大的关注，一个是丑陋建筑评选，另一个是中国建筑传媒奖。这两个奖提供了不同的价值取向，构成了一个价值生态系统，使整个系统不再是单一的、官方的价值取向。同时这两个奖形成了一个大的社会机制，也就是丑陋建筑有人管的机制，以前是没底线的，这个底线不断降低，建筑做得再丑也无所谓，丑陋建筑的评选提供了一个底线的观察哨，建筑师在做建筑时知道有一拨人在盯着你，这是我们评选的最大意义。

丑陋建筑评选进入第四届，已经积累了前三届的经验和反馈，这给我们提供了一个进步的台阶。随着建筑设计业的精细化发展，建筑评论也应该走向一个精细化的阶段，粗俗的评论方式已经不再适用于精细化的现状，因此在评论水平上也要有相应的针对性。丑陋建筑要牵扯到很多层面，最后反映在一张榜单中，这张榜单实际上包含着很多层次。丑陋建筑的入选者，很多是价值观特别不能得到社会大众的认可的，李祖原是代表，其项目背后宣传拜金的、炫耀的价值观，还有一种宣扬权力的价值观，以天安门系列为代表，还有宣扬"洋"的、资本的权力，以白宫系列、舶来的建筑为代表。而真正论到建筑本身形式上的美丑，在以往的榜单中占的比例很小。评丑不是按基本功差来评的，如果这么评那就没边儿了。"要打就打老虎，不要打苍蝇。"丑陋建筑跟好莱坞评金酸莓奖是一个道理，针对一线导演、一线演员，他做的确实是败笔、确实和自己的水准不相符的东西，评选针对的就是这种对象。我认为应该把目光放在一线建筑师、重要城市的大中型公共建筑上，私宅你去打它有什么用啊？它本身不具有传播性。反之在社会传播系统中天然居于高位的建筑师，他们占尽了传播系统的便宜、占尽了社会的便宜，所以他们要承担相应的义务。你作为大师、你作为院士，所有后辈都在看着你，你做出的东西如果是丑陋的败笔的话，无形中造成的社会危害是最大的。我个人认为要盯就盯这些人、这些事物。前几届如果说还有影响的话，不是因为打了苍蝇，而是因为摸了老虎的屁股。

价值观问题我认为是我们需要讨论的核心问题，尤其是政府的办公楼、大型的公共建筑等，这些建筑在城市的传播力太强，如果不动我觉得不行。再说到文化的问题，在文化里面自然包含着意义的建构。几十年以来我们对建筑师的训练，从50后后期、一直到60后、70后、80后、90后，对于真正属于中国本土文化的这一块儿已经彻底断裂，所以被老百姓冠以"大裤衩"、"秋裤门"那是活该！因为建筑师作为为文化造物、塑形这样一个文化代言人的角色，就要考虑到在这个文化里一定会出现这样一个意义建构。最近有一个视频，美国Talk Show主持人调侃"人民日报大楼"，沦为全球笑柄。为什么千百年来我们古人的造物要有避讳？为什么中国要有"讳"这种事儿？它就是要避掉负面的东西、避掉不好的联想。但是由于受到西方的训练，建筑师的文化缺失太大了，才会出现这种事情。所以我觉得不需要区别专家和老百姓的不同。老百姓是这个文化中活生生的人，我们要高度重视来自民间的声音，高度重视他们为什么会这么想、为什么会这么骂。不仅如此，当媒体采访人民日报大楼设计师本人时，对于民间的声讨，他并不在乎，不以为意！这个态度就有问题。这个赖谁啊？当然是赖自己！我们现在的文化水准是非常低的，过去文字雅驯是最基本的事情，现在的字写得极其粗糙。所以建筑本身做出这样的房子就意味着文明的一种堕落，跟文字不会好好用、不会正确地使用外在的表达形式与文明接口，是一样的，这是一个最大的问题。丑陋建筑评选一定要吸取中国建筑传媒奖的教训。传媒奖最大的意义本是从传媒的角度看建筑，结果变成了专业奖，不是大众奖，切断了和大众联结的渠道。所以丑陋建筑我特别珍视它来自原生态的那种自下而上的力量，丑陋建筑不是专业的，而是具有文化的代表性的，因为我们已经被专业所毒害、已经被格式化了。如果把这个声音又压下去、又是消毒、又是清洗，最后搞得不留痕迹，那就没有什么价值。我想，当丑陋建筑不再从形式、审美上去评，而是作为文明底线看守者、文化意义的把关人的角度去说，才是最大的价值所在。

郑黎晨：丑陋建筑的评价应该是借助网络、大众传媒，是民众与专业人士的联系，建筑本身应该是一种文化财产，也是我们生活的场所，如果一个城市都是丑陋的建筑，这个城市中的人的行为也会随之丑陋。通过评选，让民众参与，形成与专业的对话，让大家对中国的传统文化或者是审美，有一种传承。再者就是价值观，作为一个设计大师，在价值观上出现偏差，这是很严重的，在审美上可以千差万别，但是在价值观上一定得有正确的导向。所以这次评选还是要重视与网民的沟通，建立民众与设计师之间的互动。

这一系列活动虽然叫作丑陋建筑评选，实际上是向社会传递一种正能量，就是刚才周教授所提到的文化的传承、价值观的正确导向。再回到这次评选活动中，因为已经是第四届了，评选的过程应该有所变化，我觉得这个变化应该是一个互动的过程，变成一个大家共同探讨、学习的过程，是民众跟大师、设计师之间的一种互动。建筑从造型、审美角度如何评判，再回到另外一个角度，我也认为"陋"更重要，能形成一个标准，而"丑"从美学上不容易定义。所以这一届，我希望第一是要把目的策划好，做到对文化的传承、价值观的正确导向；第二，要互动沟通，建立民众与设计师的沟通；第三，要注意评价的体系，关注点应该再明确一点。这样我认为就赋予了评选更深的意义。

马晓威：我是第一次参与丑陋建筑评选的研讨会，当然我从第一届就开始关注，我感觉这是一件特别有意义的事情，从我个人观点上来讲，意义就在于能够起到对建筑师的督促。当我们来做丑陋建筑评选时，有一种必然的社会性，这里面存在几个点，包括这样的活动能把社会引导到什么地方，对老百姓的影响在哪里，制定好标准后对社会的最终影响又是什么。

刚才看的丑陋建筑有一种是象形的，一种是比较怪的，还有一种是价值观有偏差的。我认为这次活动所针对的对象有两种，一种是使用者，还有一种是围观者。如果我们做一个建筑很容易让所有人都来评的话，那这个建筑没法做，因为这里面有一些专业范畴的东西。如果说没有一个大概的标准，当然价值观、文化、传统这些都是我们要考虑的东西，但这些东西都是虚的，那么评选执行起来不容易具体化，很难评论好还是不好。从这几个点来说我感觉有没有这个可能在最终评比的环节上把投票结果分为两部分，一部分是民众的意见，一部分是专家的意见，我想专家的评审会有一点点教化的作用。同时专业和老百姓评审的对比会非常有意思，结果也许不那么重要，但两边辩论的过程可以给大家看。一个建筑最初建造出来的时候并不见得是好的，但是成为大家能接受的东西甚至能欣赏的建筑实际上是一个过程，如果从一开始就一棍子打死的话会出问题。此外评比丑陋建筑的活动还能促进建筑行业的发展，比如对建筑领域理念的探索等。我们这次评选最基础的方面是评最丑陋的建筑，"丑"和"陋"如何区分开来，每个人的看法不同。我个人认为建筑的多样性非常重要，这对建筑思考和建筑实践是有益处的，也是我们做这次评选有可能研究出结果的事情。

王永刚：我比较赞同周榕说"打老虎"的观点，丑陋建筑影响力比较大，可以说丑陋建筑对学设计的学生是误导，对甲方选设计是误导，对老百姓审美都是误导，但是现实中很多媒体对丑陋建筑都是正面报道，这是很重要的问题。"老虎"的作用很有意思，具有两面性。"丑陋"从传统理解是真善美的反义词，建筑师如果出发点不是真、善的，很可能建筑就是丑的。"陋"是形成的作品很丑，还有一个是对作品花的功夫也很丑。

体量很大的建筑的甲方一般慕名请名流建筑师设计，但他花在设计过程上的时间可能只有 10 分钟。评选丑陋建筑在经过一段时间后，房子如何盖好甲方可能不知道，但是房子盖不好可能都会有所参照。这就是曹总说的会形成的反面标准。现在的建筑很多是明显的抄袭、复制、以怪求怪，这些行为缺少对建筑的基本认识，没有认识到建筑是永久性的东西。另外，有一点我们要认识到，自然而然的东西可能好不到哪去，但绝对不会丑到一定程度，这与中国绘画是相通的，"大美为真"、"厚德载物"是中国文化的传统，现在我们学西方，学习新的建筑学，为了建筑学的发展拿中国城市来现场做实验，造成无所顾忌的任何东西都能用在建筑上的状况，是很危险的。

车飞：评选丑陋建筑这件事情本身需要一个定位，本质上是社会和民间对城市建筑的批评。实际上，城市空间是很重要的项目，像刚才晓威说的，丑陋建筑里面有很多象形的、奇特的、体量巨大的建筑，这也反映一个特点，丑陋建筑不是简单的审美价值取向的问题，它反映的是普通大众在重大项目建设过程中失语的状态。我们如何定位这件事情？所有的公共项目中老百姓是"甲方"之一，如何让"甲方"发挥作用，这是我们丑陋建筑评选的可能性——让公共参与到话语之中。中国目前实际上是官本位的现状，一些重大的项目都在这个体系里，我们面临的任务是，第一，我们要自下而上地发声，这一点我们做得很好。另外，如何让这种声音能够参与到决策中去，这是非常困难的事情，自下而上推动这件事情，把社会的声音体现到决策层是我们明确的努力方向。第二，社会和民间还是有区别的，社会层面中畅言网是社会组织者和评选平台，体现了民间的声音，这其中也体现了我们这些专家、建筑师、设计院等专业人员的声音，实际上我们是拥有话语权的。社会平台发出理性的声音，倡导理性的价值是评选的核心任务，如果不发出理性的声音，这个平台就会成为官与民之间二维的博弈，这种博弈是非理性的，结果就会出现很好的建筑被评很差，很差的建筑则被忽视。比如一些伪四合院项目，从专业角度讲，这是非常糟糕的，对城市文化城市肌理都有很大破坏。但是在这次活动中并没有引起大家的重视，还是存在缺失和失位的现象。我们一定要开放，信息透明，倡导一种理性的价值，当理性价值出现的时候，就避免单纯意识形态的批评。历史上我们进行了很多意识形态的批评，历史证明这是没有意义的。我们不一定能发出声音，至少我们能够倡导社会向着理性的价值平台发展，这是我们重要的任务。

第二方面，我想谈谈美学的事情，"丑和陋"从美学价值来讲也是比较清晰的，现代美学的发展不再遵从古典永恒的原则。现代性推崇不断创新，对于美的评价，如果是创新性的、生产性的美学，我们要鼓励。如果是消费过去的符号，我们要反对，这是批评丑的意义。评"陋"是看它建筑构造、结构、材料、建造思想、概念深度上是否是野蛮的、粗糙的、简陋的，我们鼓励精工细作，不仅在做法上而且在思考上、概念上和方案上都要精细。这是我个人从美学方面对丑陋的看法。

最后，我们如何来面对丑陋建筑层出不穷的现象？之前我觉得好像评几届之后就没有丑陋建筑了，但这次发现丑陋建筑越来越多。我们能不能把这种审美批评变成现实中的一部分？这方面可以参考国外的案例，把项目的百分之几拿出来作为艺术的作品和空间的投资，我们可以呼吁一下，凡是公共性的项目都可以拿出一部分资金来做这方面的工作。至少我们可以一点一滴把丑陋建筑的比例进行压缩。我想强调一个重点，既然是公共领域的批评，我们应该把批评的目标对准公共性建筑，这是我们评价的标准之一，那些私人的建筑可以减少一些。

曹晓昕：我和周榕刚才探讨的问题是，我们做这件事是对不良价值观的纠偏，"丑陋"两个字很有力量，相当给力，我也非常赞同这次评选，这也是大众对于建筑专业领域的一次呐喊，这一点我很赞同。我有两方面想得不是很清楚，和大家讨论一下。现在大家说有两个圈子，建筑师圈子和大众圈子，参与评选的大众对于建筑师圈子是没声音的，但我并不是完全认同，因为这里面可能包含了若干的官员、未来的市长等，他们的意见是其中的一票，可是建筑师对于建筑的控制真没有那么强，政府的意志对公共建筑是很大的主导，建筑师是很弱的群体，声音没有那么强大。现在是建筑和非建筑圈子的划分，投票也是建筑和非建筑的区分，投票还不一定就是"民"。既然是这样的状态，非专业的所谓的"民"的圈子价值观是有度的，它有一个高线和低线，在这个范围里面的判断很清晰。比如白宫类建筑倒退 20 年是大众的一个梦，它还不会入选到丑陋建筑中，但是现在入选了，反映了群众的底线有所改变。有一部分建筑是高于大家审美的房子，这是大家要承认的。走得太快的、太慢的都应该是丑陋的。我觉得可以做两个评选，作为评委有责任对于超越大众认识的房子进行很好的保护，有些建筑是超越大众审美上限的，这是不容置疑的事情，传媒对大众要负有责任，如果说通过评选告诉大师你做得哪里不够是把这个事情说小了，如果我们告诉普罗大众哪些是未来建筑的发展方向，这个是更重要的事情。我们能否借助畅言网的评选，创造一个更为开放的空间，以更大众的方式做一些言辩。作为专业评委也要有自己的上线和底线，如果我们仅仅认为网民是正确的，按照他们的审美去评选，可能对于建筑圈的发展是一个副作用，我想把我的担心表述出来。

布正伟：这个问题涉及"专业性的眼光"和"大众的眼光"。我们应该如何看待？专业性的眼光不一定就是不接大众的"地气"的；大众的眼光呢，也不一定就能和科学发展观认为的"地气"接得上。有些建筑是领导层盲目指挥，一意孤行，不听专家的意见建造出来的，但老百姓不反对，还认同，这一次评丑展示的华西村的一些"政绩建筑"形象就令人深思。所以，具体问题要具体分析，建筑专家既不能脱离群众，孤芳自赏，但也不能做群众的尾巴，自甘庸俗。这也再一次说明了，评丑的分寸感，是要下更多更大的功夫才能 HOLD 住的……我们不妨对具有典型意义的某个建筑，也展开一些专题讨论或辩论，以求把"美、丑"的是非曲直搞得明白一点。

王永刚：老百姓没有受过训练，直觉比较直接。我觉得他们的看法可能更准确，老百姓认为丑的十有八九是丑的。

曹晓昕：那又如何解释埃菲尔铁塔在建造初期饱受诟病，日后又成为经典呢？卢浮宫也是如此。我觉得很多事情证明一些建筑能够超过当时大众的审美上限，虽然看不清未来走向，但已经超越了公共审美的范围。

车飞：有个说法是儿不嫌母丑，但是令人不解的是中国的丑陋建筑历久弥新，一些丑陋建筑大家依然还是认为很丑。埃菲尔铁塔经过长时间的发展，人们看着顺眼了，而我们城市中的丑陋建筑无论如何也不能看着顺眼。那些公共建筑变成了城市一部分，而我们的建筑永远飘在权力层，和民众的空间不搭界，没法变成自己家的东西。

周榕：我们太看重丑陋建筑结果本身，我认为结果本身并不重要，这个行为和机制很重要，它能够形成对话。当年埃菲尔铁塔也被批评得很惨，各种社会名流都在诟病，但时间是检验建筑的唯一标准，这么多年我觉得没什么其他标准，建筑的周期比人的生命长很多，当然中国当代建筑有些例外，这是很不应该的事情。建筑的生命周期超越建筑个体和很多代人，评价的时间尺度不同，我们希望建立起一个守护的机制。很多丑陋建筑的出现不仅仅是建筑师的问题，也是政府、投资人、业主等各种原因造成的。像某些建筑最难受的可能还不是他本人，最难受的是那些官员们，评丑的过程形成了无形的监督机制，这是我特别看重的方面。政府寻找大师来打造重要的公共建筑，结果做出丑陋建筑，我们就是要官员们难受一下，其他人以后会有所收敛。

刚才曹总说的大众审美上限，我觉得是不重要的。老百姓对审美的上限是很不自信的，但是对判别哪座建筑更丑则是有基本的自信的，因为其中存在一个直接底线的问题。我们要感谢有网络，代表统计学的选样比起以前好很多，大家正在自发地向前走。现在唯一的不足是我觉得投票率不够高，如果真的达到几十万上百万的票数，更能反映出来选样的客观性。这里面建筑发烧友居多，完全不关心这件事也不会投票。老百姓如何看待丑陋建筑，在座的各位老总平时和普通百姓沟通很少，很难知道他们的想法。"苏州秋裤"为何会出现？人民日报社新楼为什么会成为全球笑柄，他们为什么想不到老百姓一眼就能看出的事情？因为这些建筑师的脑子已经被格式化了，被专业审美蒙蔽了，这是最大的壁垒，这个壁垒如何消除是我们需要深刻反思的。

王永刚：一些建筑方案还没有建成，拍照片的角度也有可能会造成误导，真正完工了也不一定是像那样。

曹晓昕：我觉得利用一些事件和争论可以开展"专业对民间""民间对民间"的对话讨论，远比我们现在这样讨论效果好。现在的所谓网民多少带有一定的暴力倾向，这件事情我和周老师想法有些不同，周老师更关注民间对建筑师的影响。作为一线建筑师，我们的苦恼不是加班和设计费低，而是在于和项目决策层的交流问题，决策层都是建筑圈以外的圈子，换句话说是大家来投票的圈子，只有两个圈子打破壁垒增强交流，让大众的圈子对建筑师产生影响，尤其是对"老虎建筑师"的影响，同时让建筑师有阐述自己观点的机会，这样才能达到真正沟通的效果。我们做这件事归根结底是要提高建筑质量，根本环节我觉得是决策层需要改变。建筑是一门学科，建筑师在认识上就会和学科外的普通人有不同的尺度，大家认识要是都相同这个学科就没有存在意义了。换句话说，建筑师通过多年的专业学习，我们应该进行更多逆向思维的传递，就像我们没必要告诉爱因斯坦我们对量子理论的理解，而是应该创造机会让爱因斯坦把他的量子力学理论告诉大众，这是一个命题是否成立的事情。一线建筑师从事的工作很不容易，我并不是出于私心，有些建筑师为了项目投入了巨大的工作，我比较赞同用时间来判断建筑的观点，但有一些建筑当下没法判断，对一些有争议的建筑我们就可以武断地评为丑陋建筑吗？如果把向上走的力量给它拍掉的话，我觉得对我们这个圈子起的是副作用。

车飞：我觉得这件事情出现了重大的分歧，两个方向很明确，一个是建筑师眼中的公共建筑，另一个是公众眼中的建筑和建筑师。像马总说的可以分为两部分来评选。

周榕：最后就会出现网络刷票的现象，最后就看哪个院大，把别人给刷上去。

布正伟：我们这些评委在这里所构建的"话语生态环境"不错，敢讲真话，敢讲不同的话，这对评丑太重要了！如果一上来，大家思想就完全统一，那恐怕就要走偏。周教授的一些观点听着很有嚼头，挺过瘾，但是，大家还得有主见。周教授说的，能给我们一些"张力"，我们还得有自己的"定力"。这样，"定力＋张力"，我们专家评委会的"话语生态环境"就是健康的，向上的，我们的网络建筑评丑工作，就有指望，就有希望，就有展望了！

周榕：我特别想谈谈爱因斯坦的事情，建筑无法和量子力学相比，建筑不是纯科学，不是求最优解和唯一解的命题，在这个行当里没有爱因斯坦，建筑界没有唯一的权威。文明是一种生态环境，建筑是文明的外衣或者说是形态，在这个环境里树有树的道理花有花的道理草有草的道理，大家都是万类霜天竞自由，不能说只能种花或者只能种草。当然生态环境也有很恶劣的环境，但大家认为这是不应该存在的。所以刚才那个例子我是不同意的，建筑就是植根于文化中的，我们的建筑师对文化的意义建构遗忘得太久，这还要归咎于我们建筑界祖师爷这一辈，他们从西方带回来一整套和中国古代完全不同的意义系统。

中国古代传统建筑首先讲的是有"象"有"意"，这是我们居住的方式。可是我们现在的居住环境没有"象"也没有"意"，"象"跟"意"已经没有关系了。为什么现在出现"水煮蛋""大裤衩"这样的称呼？这是没有办法的事情，这是老百姓的心理环境建构，他们要在这个体系生存，就不得不把建筑师提供的抽象环境赋予意义和人情味，这个责任我们建筑师现在已经放弃了，我们不允许老百姓将建筑和文化建立起哪怕是微弱的联系，做的都是抽象体量和专业审美，这个责任放弃以后就不要再怕老百姓去反噬你。我觉得所有这种绰号和难听的话，其实都是文明在无声地呐喊，都是不断地对建筑师提抗议。我们还是要反思，实际上我作为一个有建筑师背景的人，我和大家所受到的训练没有太大的区别，从你画第一笔线条的时候，就已经跟这个文明没有关系了，我们这套意义系统已经放弃了，放弃以后又怎么能说这是至高无上的呢？怎么能说这个学科就是唯一正确的呢？怎么能说我们掌握了这里面的秘密呢？其实我们只不过掌握了这个封闭系统和规则下的技巧和秘密。

我最近在研究的文明共同体问题，我们要知道自己做的事情是要对文明共同体有意义的事情，建筑是共同体的形式范式。有很多问题就是建筑师的问题，不能归结到当时政府负责人的头上，所以有很多事情要用时间来证明一切，要在相当长的一段时间后去思考这个问题。这十几年的超速城市化，炮制出大量和我们文明一点关系都没有的东西，它到底能把我们这个文明共同体引导到哪个方向？这是一个很大的事情，包括全球化这样一个语境，实际上这些事情建筑师是没有思考的，他们从小就是这样表达，因为这是他唯一掌握的语境，也是他们唯一掌握的技能，所以我把丑陋建筑评选看作一条沟通的渠道。我认为建筑师缺乏的是一个倾听的能力，缺乏的是一个同情的能力，因为缺乏同情别人的能力所以自己就总觉得不被同情、不被理解，这是一个相辅相成的事情。我们实际上也是缺乏同情市长的能力，缺乏同情甲方的能力，缺乏同情老百姓的能力的，所以，价值观问题可能是建筑师需要深刻反思的问题，就是我们的价值观念和价值体系到底建立在什么样的基础上，这个学科在中国百年发展的历程上有没有认真地反省过。

车飞：如果没有一个自下而上的机制，建筑师怎么来判断自己的价值？

在巨大的政治权力和金钱权力下，建筑师有技术权力，但这个权力很微弱，在这种情况下怎么样去捍卫一个理性的价值观？

周榕：这么说这件事情就变成"三国演义"了，假设三国演义代表权力、资本、技术，在人工环境建造中，这三者公众基本是被排除在外的，没有什么太大作用。三者都没法说明自己的价值观是对的，都没有经过检验，最后就变成了一场权力斗争了。如果我是一个投资商或者是市长的话，我就会问建筑师为什么你的价值观就是对的？这个情况和西方现代建筑是有很大不同的，因为西方经过了很多次反复的批判，比如法兰克福学派开创的理论就有一个反复批判的过程，而我们是没有的。建筑师都很自信地认为自己就是正确的，我质疑的就是这个根本性的问题，就是我们认为对的是不是就是对的，因为从来没有经过质疑过。

畅言网作为一个传媒机构扮演了一个很重要的角色，我们现在的文明经过动荡和沉浮逐渐开始建构自身，建构自身的时候它会有一个自洁的能力。比如当丑陋建筑的数量已经无法统计的时候，自然会出现一种力量，畅言网就是其中的一种力量，这种力量会越来越大，从第一届评选到现在影响也越来越大。记得第一届评选结果出来之后没有太大声音，而到第三届结果出来之后，很多媒体都跟进了，包括凤凰卫视也跟进来了。我把这种情况看成是文明的触底反弹，文明是一个生态系统而不是无底线堕落的过程。

（《中国建筑文化遗产》编辑部主任 整理）

建言芦山地震灾后重建策略

石轩

在为纪念"5·12"汶川巨灾5周年的一系列文章中，看到的多是赞扬抗震救灾助推中国精神及用不足3年时间及1.76万亿巨资兑现了一个灾后重建锦绣巴蜀的承诺，还有大量文章将汶川与雅安做了多方面比较。笔者从众多细节中发现，汶川与雅安相隔5年的两次地震，除震级与损失差异明显外，最大的改变仅仅是救援能力的加强。对此的客观分析正如中国地震局修济刚副局长在《四川芦山地震应急的几点启示》一文（《光明日报》2013年5月22日）中所归纳的四点：必须注意保证通讯畅通、救援队伍的组织和条件保障、农村自建房急需指导和管理、防灾教育必不可少，这提醒人们需在灾后重建中再强化多方面的省思。笔者认为："5·12"汶川巨灾后重建规划建设成绩应肯定，但从灾后重建管理、规划、建设乃至极震区应急预案建设上都欠缺防巨灾的准备，无论从技术与管理层面都暴露出侥幸心理，不少在5年前汶川地震反映出的问题，至今尚未解决，从而已经表现在雅安（汶川重灾区）"4·20"强震的后置处理中。要走出灾后重建的困境，万不可让灾后重建变成灾后破坏，这是每位灾后重建规划者与思想者应具备的认识。截至2013年5月24日，全国已有144家基金会表示要参与雅安灾后重建，面对重建项目资金的到位，四川省发改委领导又表示要用3年完成重建、5年整体跨越、7年同步小康的目标。这种有"跃进"味道的灾后重建目标是不是应质疑，因为弄不明白防灾减灾的"真相"，灾后重建规划及策略只能是如一场梦的"虚话"。

一、灾区重建规划必须认知灾情找准隐患

历史演进中的雅安地理志告诉人们：雅安与汶川不仅在交通命脉上有关

联，某种更深刻的命运指地质构造汇聚在龙门山断裂带这同一交集上。无论芦山地震是否为汶川地震的余震，无论龙门山断裂带上还会不会发生大的地震，灾后重建首先要从综合地灾治理入手，更充分地考虑内生作用。龙门山断裂带是四川强烈地震带之一，历史上它从不安分。自公元1169年以来，共发生破坏性地震25次，其中里氏6级以上地震20次，1657年4月21日，爆发有记录以来6.2级最大地震，而后是2008年5月12日汶川8级地震、2013年4月20日7.0级强震。2008年10月笔者主编《灾后重建论——四川汶川"5·12"综合减灾重建策略研究》出版（中国建筑工业出版社，2008年10月第一版），它从七个方面较为系统地回答了灾后重建的策略即汶川巨灾科学论、灾后重建理念论、他山之石借鉴论、灾后重建综合减灾论、灾后重建管理论、灾后重建技术论、灾后重建文化论。其中较重要的是梳理了20世纪中国西部7级以上破坏性强震一览表，现在看来与四川为震中的相关强震共发生六次。更严重的是，雅安历来是地质灾害的多发区、频发区。雅安全市境内多山、地貌类型复杂、地形切割强烈，山地已占总面积94%，海拔超过千米的中高山区占总面积70%，相对高差达1000～2000米，此外雅安因雨量充沛，还有"西蜀漏天"之称，从而地质灾害是最大隐患。如2009年8月6日深夜至7日凌晨，雅安汉源县发生山体滑坡，40万立方米垮塌体阻断流经该市的大渡河（大渡河系岷江水系最大的一级支流），形成大渡河上罕见的堰塞湖灾害，灾难造成2人死亡，29人失踪，18人受伤；同样，在此次雅安强震后，芦山地震灾区也迎来了次生地质灾害的考验：2013年5月9日上午10时，四川省道210线山体垮塌致2人死亡，4人重伤，成为迄今"4·20"芦山地震后，造成重大损失的次生地质灾害。

灾后重建策略的安全选址很重要，这不仅指要谨防次生灾害，还特别不能忽视非重灾区，即要用系统论即综合减灾思想考虑灾后重建。如在关注灾情隐患分析时，不可放松对古老滑坡和泥石流堆积地的研究，这些场地看上去平坦且植被茂密，但其潜在危险性巨大，所以凡准备用这些滑坡地作为灾后重建场地时，除应勘察论证其安全稳定性外，不可随意在滑坡后缘处堆砌土石，高度关注滑坡体上的建筑物密度及建筑值等。从灾后重建看，今天的汶川，就是明天的芦山，相信芦山重生之路能更好。但必须坚守住必要的原则：如必须不能让灾后重建变成灾后破坏，考虑到四川地县域地貌特点及生产生活方式，在农村的灾后重建中不宜过分强调太集中，除了避让地质灾害需迁移外，要因地制宜，充分尊重灾民意愿，在有安全评估及风险分析基础上，能原地重建就原地重建，该迁址的必须迁址！要看到，汶川灾后重建中，大干快

7月9日暴雨中的北川老县城（图片来源：中新网）

上了一系列建设与工业项目，但由于太匆忙，也误建了一些高污染、高耗能对灾后重建地有环境影响的项目，此种项目无论从长远还是当下都对灾后重建的安全保障形成负担，如在汶川重灾区紫坪铺水库区发现，灾后重建竟建了十多个制砖厂，超大规模的开挖山体取石取土，在人为造成植被的新一轮破坏中，加剧了水土流失，怎能不诱发泥石流灾害呢？怎能不等于灾后建设性破坏呢？

从抗震防灾建设上，灾后重建首要要确定宜居和安居的设计准则，并回答怎样的建筑可在灾害中迎接大考，它不仅可抗震，还要抗风，抗极端天气条件的诸多灾害。雅安强震"房坚强"的修炼可找到一些成功实例，但绝不可用"汶川重建项目没有一个全塌下来"作为雅安重建抗震目标，这种"护身符"的理念对灾后重建策略有害！殊不知汶川灾后重建虽使不少新公共建筑做到"大震不倒"，但对于雅安灾区生命线系统的"解剖"，恰恰说明汶川灾后重建规划建设的欠全面、欠科学、欠安全可靠吗？回眸国外经验：日本在灾后重建规划时强调减灾要与城市更新协调作用，在优化功能组团时，综合考虑美化人居环境并提升区域整体综合减灾能力，不出现重复灾害；美国的灾后重建立足长远，不同层次的城市规划法规都纳入对多灾种的综合考量；25 年前的 9 月 19 日，墨西哥发生 8.1级巨震，震后政府修订抗震级别从原先 7.5 级提升至 8.5 级，并在每栋公共建筑物上张贴地震疏散须知；智利所有新建筑均按 9 级地震设计，广泛采用"强柱弱梁"的原则，其建筑的主要支撑是钢筋混凝土立柱，柱子再通过钢制的框架加固，旨在尽可能缓冲、释放地震能量，并最大限度地满足建设安全空间之需。

二、灾区重建规划不可忽视软策略研究

无疑灾后重建政府是主导，重要的是要有综合决策之思。一方面要从自然科学视角加大对全中国、中国西部、四川、雅安不同层面减灾评估分析，强化减少自然巨灾与人为事故（亦含社会灾害及恐怖），同时要研究汶川5周年精神的烛照与经验的传承，我认为其核心是要找到灾后重建主动防范灾害对策的经验。从灾后重建的软科学出发，应特别关注雅安灾后重建"天地生人"的综合协调发展，在实践人与自然和谐发展的理论体系中，实现社会经济在地灾环境下可持续的发展模式。有一个例子：洛杉矶曾靠蓄水挣钱，1983年积蓄了价值2800万美元的水，但只用了24小时，20英尺高的巨浪席卷了城市，龙卷风开辟出专用快速路，泥石流自圣加百列山呼啸而来，地震撼动了整个地区，大自然之如此鬼斧神工耗费人类4000万美元，后来为防治泥石流，人们又另追加了2000万美元。业内评价，如果不是洛杉矶人保持警惕且行动坚定，以富有创造性的智谋战胜大山，在诸如此类的灾难中，大自然报复开具的账单可能会高达几十亿美元。之所以强调灾后重建的软对策，是因为在灾后重建的大系统中，社会重建与经济重建、建筑重建同样重要。所谓灾后的人文社会重建，本质上是要在物质废墟与精神巨大创伤的基础上，借助各种内在与外在的力量，修复受到破坏的家庭、邻里、亲朋好友、社区组织等，使家庭与社区、社会逐步恢复自我组织与自我发展的活力，使灾区人民重新过上安详有序的生活。重要的是，绝不可简单地将物质重建模式复制到社会重建工作中，如果物质重建能够3年完成，但人文社会层面的重建绝非三五年可奏效。发达国家大地震"震"出来的经验中，不仅有防御次生灾害之策，更有医治灾区社会系统网络的软性创伤。美国加州的爱瑞特·卡考斯作为防灾的公共政策顾问，他强调在生命线系统、城市与建筑灾后重建时，同时不可放松社区与社会及政府的人文灾后重建策略的应用。

灾后重建规划的软对策还强调心理救援是核心，灾后心理重建在我国的发展历程可归结为：1994年克拉玛依大火、2003年非典疫情、2008年汶川巨灾、2010年玉树地震及舟曲泥石流等，灾后人文社会重建的思路是要进一步梳理突发事件中政府及相关组织的职责作用。古人云："忧劳可以兴国，逸豫可以亡身"，不论是国家还是个人，往往都走不出"生于忧患，死于安乐"的定律。作为灾难文化的建构我要说：灾难并不可怕，

可怕的是你永远弄不懂灾难的原因；废墟，其实比纪念碑更具震撼力，因为人类还要经历风景，但更要学会在死亡般强烈的风景中获得新生。就灾后重建而言，社会重建要经历三个阶段：第一，用近 1 年时间，重点恢复社会关系的功能，从而建立公众的社会支持系统，对那些遭受心理创伤的灾民实施"心理—社会救助"；第二，再有 2 年时间，重点回复社区防灾减灾能力建设，旨在促进安全社区、减灾社区的可持续发展；第三，总计需要 5 ～ 8 年时间（指一个完整的教育阶段），完善全社会减灾事业建设，之所以要经历如此漫长时段，是由大灾难造成的社会系统断裂的多层面、多类型表现形式决定的。在多数发达国家，非政府机构是灾后人文社会重建的支撑着，"自救""政府救助""民间救助"是三大主要救助途径，中国需要在灾难中成熟，只有最大限度动员社会力量主动防范，全民的安全自护文化意识与能力才会彰显。

从此种意义上笔者再一次呼吁国家要编研并制定对全民防灾有长远价值《国民安全文化教育发展规划（2013—2020 年）》，这是个重要的安全文化教育的顶层设计。进一步从灾后重建需要的人文社会策略上讲，要抓三类交叉学科问题：其一，从研究灾后重建工程问题转向同时研究灾后重建社会建设；其二，从专门研究灾后重建的实际问题，转向灾后重建规律总结的理论化问题；其三，从专门的灾后重建人文社会分析上升到独立的学科层面，如要着力推出灾后经济学、灾害文化学、灾害社会学、灾害传播学、灾后保险学等。据此，雅安灾后重建规划将以文化为基，体现安全文化标志下的城市精神；在用安全文化理念规划灾后重建之思时，衔接安全行为导向和规范，提升安全控件的标准；此外，在灾后重建规划中，不仅植入有特定本质安全的空间体系，更培育起相辅相成的安全体验系统，最后还要对灾后重建的成果做好后效应评估。

2013 年 5 月 31 日

（石轩：城市灾害学者）

文丘里：对建筑艺术的热爱

[美] 戈德伯格

罗伯特·文丘里
（1925 年 6 月 25 日— ）
20 世纪美国著名建筑师（生于费城），他的建筑、规划、理论以及教学项目都为美国现代建筑研究作出了极大贡献。1991 年普利兹克奖获得者

罗伯特·文丘里的名字对人们来说并不陌生，他是文丘里、劳赫和斯科特·布朗费城事务所（以下简称为文丘里事务所）的首席建筑师，同时又是一位引人注目的建筑理论家，他的理论比他所设计的房子有更为深刻的影响。文丘里先生 1966 年所著的《建筑的复杂性与矛盾性》一书，在推动建筑潮流朝着同单调、枯燥的现代建筑决裂的方向发展方面所起的作用，比任何一件建筑作品所起的作用都要大得多。无论哪一位建筑师所设计的作品也不像这本书这样为世人所知。

这种现象的出现并不奇怪。文丘里、劳赫和斯科特·布朗所设计的建筑远不像他的理论著作那样，把他的思想表达得那么清楚和严谨——他的理论是经过反复推敲的一种纯学术性的见解，有时甚至还故意提出一些偏激的观点。文丘里不拘泥于任何狭隘的风格，真正的文丘里风格是完全不存在的——在他的房子上没有像格雷夫斯的作品上的那种容易识别的标签。

但是如果说文丘里、劳赫和斯科特·布朗的建筑并不是很容易被贴上某种标签，且并不随波逐流，它们也绝不会因此而失去其重要意义。在马克斯·普罗泰兹画廊举办的题为"建筑与绘画"的文丘里建筑事务所作品展览所产生的一个最积极的效果，就是它在很大程度上使你意识到人们一般对文丘里存在着一种非常错误的概念。它使你认识到，文丘里首先是建筑师，然后才是理论家。

这次展览的规模很大，但并没有对该事务所做一次全面的回顾，这里只展出了从 20 世纪 70 年代中期以来的部分作品。所有的展品都是绘画，没有照片和模型，也没有配以必要的文字，说明哪些设计已经实施，哪些还只是方案，所以这次展览并没有把文丘里事务所的作品的基本情况介绍清楚，这是这次展览的美中不足之处。

但尽管如此，这仍然是一次重要的和受人欢迎的展览。它展示了文丘里作为一名真正的建筑师和建筑画家所具有的多方面才能。这里的大多数建筑画都是出自文丘里之手，事务所为私人所设计的房子也多数是文丘里承担的（事务所中的斯科特·布朗主要从事城市规划设计方面的工作）。这里的展览设施本身就是他们事务所的典型作品——简洁而富于幻想，把隐喻同古典主义以及那些平淡，甚至近乎简陋的装饰结合在一起：普通的灰色墙身，上面印满了淡淡的花瓣状图案，使人联想起该事务所为"最佳产品公司"所设计的店面上的巨大花饰。在布置展品的墙面刚刚高过视平线的位置上有一条红线，就像古典建筑中的带状装饰，红线下面是大幅精致的建筑画，上面是文丘里画在黄色绘图纸上的建筑草图。这些草图的风格潇洒自然，有的甚至可以说画得龙飞凤舞。

红线下面用细笔绘成的大幅建筑画，有一种类似卡通片的效果。这正是该事务所建筑画的风格，笔法细腻，气氛亲切。有的画简直同卡通片没有什么区别（有一张彩色的布伦特·约翰斯顿滑雪小屋，画中的人物似乎能走动）。文丘里先生的建筑设计草图则有一种不同的风格——熟练，自如，同许多天才的建筑大师的草图风格相似。通过寥寥几笔的勾勒，我们能够想象得出整个建筑建成后的风采。

这次展览给观众留下的最为深刻的印象是什么呢？通过这些建筑画，参观者能够感受到设计人倾注在建筑中的那种无限的热爱，也许用这些富有感情色彩的词句来形容建筑，特别是用它们形容文丘里、劳赫和斯科特·布朗所设计的，对建筑理论产生过强有力影响的建筑是不合适的，但你在马克斯·罗普泰兹画廊中所感受到的就是这种感情，文丘里等人比任何其他同时代人都更清楚地把这种爱表达了出来。

他们设计的建筑造型奇特，甚至有些古怪，尺度亲切近人，并不滑稽。有些建筑，如文丘里先生 1962 年在宾夕法尼亚的粟山为他母亲盖的住宅，及他在 1975 年设计的塔喀尔住宅，是他所设计的两座最为重要、也是最为典型的住宅。它们很像，但不完全像——是小孩画出来的儿童画，把儿童天真无邪的形象同成人那种有讽刺意味的敏感结合在一起了。就像刘卡洛尔给文字带来了新的思想一样，文丘里也把同样的新思想引进到建筑学中来。

那么文丘里是个天真幼稚的人吗？正相反。他的设计作品是经过深入、严密的研究和推敲产生出来的。它们具有温和宽厚的特质，不可避免地流露出一些天真单纯的东西。确实，文丘里一直坚持拒绝限制在某种特定的风格里面，也许他在这里暗示出他最大的现世性，或者说最为现实的思想——他认为在建筑中不存在简单的对与错的问题，不存在建筑应当如何，不应当如何的绝对界限。文丘里不像追随他的那些所谓的后现代主义者，他极力避免沾现在十分时髦的那种狭义的历史主义者边。乔治安寓所以及他后来设计的一些农舍式小住宅都没有任何明显的倾向性。现在有不少建筑在很大程度上是依据这种或那种建筑传统设计出来的，但文丘里的思想却永远是"超脱"的。不错，各种构筑构件和比例关系的掺和，使我们相信这是自米开朗琪罗和吉·罗马诺以来最优秀的手法主义建筑，也只好让他古怪一些。

例如文丘里设计的康涅狄格州斯特拉特福县联邦银行分行，是一座帕拉第奥亭式建筑，尺度超出了一般银行的尺度，所有的构件都不合比例，这些，都使这座小型的古典式建筑有了一种宏伟、壮观的气势。在设计哈伯特住宅时，他以他那天赋的折中主义才能，把南图克特城的传统建筑元件，变成一种生动的、有条理的构图。他为奥柏林学院阿伦艺术博士馆所做的加建工程，是在原先卡斯·吉伯特文艺复兴府邸式建筑旁边加建了一个带有装饰的现代派方盒子。这种处理方法若出自别人之手可能代表一种对过去的挑战，但文丘里在此表现的却是一种尊重和谦虚。

同时展出的还有一项该事务所为明尼阿波利斯市亨涅平大街所做的城市设计方面的项目，表现这项设计的几块展板也同样容易使人产生误解。亨涅平大街是明尼阿波利斯市的一条繁华热闹并有点俗气花哨的主要商业街，但这些建筑画表现出来的却是一条整洁，甚至近乎冷清的街道，只有文丘里他们设计中的新招牌和灯光是街上唯一有生气的东西。这几块展板上的街景画得很不真实，过于漂亮和规整，这一点同文丘里和斯科特·布朗的理论是自相矛盾的，因为我们知道文丘里等人的理论认为，无论是建筑还是城市，都不能是整洁的和有秩序的场所。

（韩宝山译，选自《世界建筑》1986年第五期）

评论者的社会责任

金 磊

我们身处一个变革的年代，任何企图打破旧格局的想法都不仅需要勇气，还需要智慧，甘愿承担责任的媒体，必然与它身处的时代同呼吸。务实地说，从14年前改版《建筑创作》杂志，并在10年前推出"建筑师茶座"，到2011年创办《中国建筑文化遗产》及2012年10月《建筑评论》问世，本人不是时代的旁观者，多少有些社会担当的自觉和戳穿谎言的勇气。不冲动、不虚伪、不媚俗的对建筑发展的客观评点是创办《建筑评论》的独有品格。我们的心态是：即使在行业最躁动之时，也始终保有清醒和理智，即使会冒巨大的风险也依然要敢于冷静而独立地发声，因为建筑不仅仅是城市的，它更是人民的，以社会为责任，是新一代媒体人的责任。

2013年5月18日是"国际博物馆日"，巧得很这一天我们中国建筑遗产考察团一行在英国拜访了大英博物馆亚洲部主任司美茵女士，友好的交谈令大家开阔视野，但交流中的一段内容令我联想至今：据她介绍大英博物馆正与故宫博物院合作办展，计划2014年9月推出新展。此刻我讲到我们欲在此办一个"中国古代建筑艺术展"，对此司美茵女士表示，大英博物馆的策展过程一般要5年，这是展览品质决定的。这令我有某种"窒息"感，立即想到了中国办事的"快"。尽管"快"在某些场合下十分必要，如"应急"的救援，但对于文化传承与传播而言，"快"字意味着缺少时间的细节设计与梳理，从视觉影像上讲是缺少了景深。细节是神经末梢，是潜藏于深处的血管，很多时候，它们是事物的根本。有品质的事，细节是本质和关键，是决定成败的。在办展"快"与"慢"的联想上，我以为这是一个视野问题，不同的人，看待同一件事的习惯与做法仿佛在使用不同镜头。智慧者会懂得变焦，远景、中景、近景还有特写，广袤和细微相结合，是妙用景深的关键。如同品读建筑和阅读建筑图书，不该心躁地只读图片，而要慢慢读，享受般地读。作为一个负责任的媒体使命，要培养并弘扬知识分子的公德心。2009年5月北大教授、伦理学家周辅成辞世，有人对比前后去世的98岁的季羡林和93岁的任继愈的衰荣，倍感冷清与不公。周辅成教授系中国伦理学奠基人，人性论和人道主义倡导者，他最可贵的品德在于其私德上的无瑕疵，讲真话并非什么高调的标准，只是底线的要求，始终是他恪守的生活准则。1995年为"联合国宽容年"，不仅纪念联合国成立50周年，还弘扬联合国宗旨即"宽容"精神。于是这年春天，周辅成与王淦昌、杨宪益、吴祖光等联名呼吁"宽容"，从而成为当年重大事件。作为媒体人我坦言：一个机构若毫不吝啬地将至高荣誉一再献给受媒体追捧、到处被鲜花和掌声包围的名人，那便是最大且最深的悲哀。还是关心"慢"的思考，我联想到前不久好友介绍的起源于1999年意大利的"慢城运动"。追寻"慢城"网络会发现，这一运动如今已拓展到全球130多个国家的200多个城镇或社区。据世界慢城联盟的规定，获评的城镇社区必须人口在5万以下，追求绿色生活方式，反污染、反噪音，支持都市绿化，支持传统手工业，不设快餐区和大型超市。自省地讲，慢城并非真的没效率，它追求的是一种可持续发展模式；慢城更非摒弃当代科技，它追求的是人与自然的高度和谐，它强调在看似休闲的生活节奏中回归生活的本质并体会生命的意义。我想无论是中国城市（镇）化加速，建筑创作"过度"繁荣，追求预期的"献礼工程"，都需要慢下来。"慢"下来是质量及品位的保障，"慢"下来会在传统与现代间真正找到平衡。

评论者的建筑社会责任旨在要有心灵的见识，理性的力量来自沟通和交流，绝非耳提面命，更非少数人的先知先觉。无知并不可怕，怕的是无知者趾高气扬、雷语惊人，更怕那有一定权力者，一旦发飙，后患无穷。因此，评论者反对虚构的梦一般的魅力，在建筑评论中要处理好经济与功能的切线关系，要勇于反对经济与文化浮躁的泡沫，要以编辑的代价及不悔的追求争得信赖与尊重。建筑是长寿命的作品，它绝不可只为时尚。所以，评论者为真相的坚守和等待是无须掩饰的，有着留存记忆的责任。

2013年6月30日